江苏省自然科学基金青年基金（BK20180189）资助
国家自然科学基金（61671202，61573128，61873086）资助
国家高技术研究发展计划（863 计划）课题（2013AA06A411）资助

动目标位姿感知理论与技术
在矿井装备中应用

罗成名　著

U0337638

中国矿业大学出版社

内 容 简 介

本书以"动目标位姿感知理论与技术在矿井装备中应用"为研究方向,通过对目标动态定位感知理论梳理与分析,发现定位技术是动目标协同运动的关键,位置作为物理世界自然属性能够说明"在什么位置发生什么事件"。全书主要内容有:绪论、链式无线传感器网络下节点覆盖路由控制、不确定锚节点下数据相关分析定位移动目标、多源误差下采煤机无线三维定位精度 CRLB 研究、SINS 与 CWSN 协同下采煤机稳健同步位姿跟踪、采煤机定位下变化煤层 HMM 记忆截割策略研究、结论与展望。

本书可供相关专业的研究人员借鉴、参考,也可为广大教师与学生学习使用。

图书在版编目(C I P)数据

动目标位姿感知理论与技术在矿井装备中应用/
罗成名著. 一徐州:中国矿业大学出版社,2018.12
  ISBN 978 - 7 - 5646 - 4143 - 6

  Ⅰ. ①动… Ⅱ. ①罗… Ⅲ. ①无线电通信一传感器一
应用一煤矿开采一井下设备一研究 Ⅳ. ①TD52

中国版本图书馆 CIP 数据核字(2018)第 227467 号

书 名	动目标位姿感知理论与技术在矿井装备中应用
著 者	罗成名
责任编辑	周 红
出版发行	中国矿业大学出版社有限责任公司
	(江苏省徐州市解放南路 邮编 221008)
营销热线	(0516)83884103 83885105
出版服务	(0516)83885789 83884920
网 址	http://www.cumtp.com E-mail:cumtpvip@cumtp.com
印 刷	江苏凤凰数码印务有限公司
开 本	787×960 1/16 印张 10.75 字数 212 千字
版次印次	2018 年 12 月第 1 版 2018 年 12 月第 1 次印刷
定 价	46.00 元

(图书出现印装质量问题,本社负责调换)

序

国务院发布的《中国制造 2025》和《国家中长期科学与技术发展规划纲要(2006—2020 年)》均强调要进一步加快推动新一代信息技术与制造技术的融合发展,并已明确重点研究具有感知与决策功能的智能机器人。智能信息感知及处理技术作为机器人自动化的关键技术之一,将两学科进行交叉与融合,能够提高机器人数字化、网络化以及智能化水平。机器人技术、计算机技术、传感网络技术以及智能控制技术等学科的飞速发展,使得移动机器人的应用领域范围不断扩展、应用环境日趋复杂恶劣,从航空航天、军事侦察、自动化生产、物流装备、医疗互助拓展到危险区域探测等,而机器人定位技术作为机器人应用的关键技术之一,能够说明"在什么位置或者什么区域发生了什么特定的事件",同时移动机器人只有准确知道当前自身位置与工作空间和动静态障碍物之间的相对位置,才能使得移动机器人按照功能需求运动到预定的目的地。因此,要实现移动机器人的自主运动,必须实现对移动机器人空间三维位置和姿态的实时检测,即实现移动机器人的精确定位。

在煤矿井下、灾变建筑物、大型隧道以及水下构筑物等封闭环境下,需要对矿井装备、救援机器人、移动车辆以及水下机器人等目标进行定位跟踪,由于卫星信号受到遮蔽,无法利用全球定位系统对此类封闭环境的移动目标进行实时定位。研究人员纷纷开展这方面的研究,采用里程计、视觉定位、红外对射及激光测距等方法对封闭环境下移动机器人进行定位,实际应用中在累积误差消除、图像变形、非连续输出与障碍物遮蔽等方面做了有益的研究。随着传感器网络及信息处理技术在智能机器人领域的渗透,无线传感器网络集智能化、网络化以及分布式等优点,可以实现信息采集、数据处理、融合解算以及位置跟踪等任务。但是,随着移动机器人定位应用的环境逐渐恶劣,且其多机协作任务日趋复杂,对移动机器人定位精度要求也不断提高,并且要求定位精度在全空间范围内具有较强的稳定性。

针对煤矿巷道或者综采工作面这类窄长结构环境下的采煤机、掘进机及运载车辆等移动装备,为实现煤矿移动装备自主运动及协同自动化,必须实现移动装备空间位姿的实时检测,即实现煤矿井下移动装备的定位。本书以网络覆盖、数据融合、精度评估以及协同解算为主线,全面开展动目标位姿感知理论与技术在矿井装备中应用研究。以煤矿窄长空间内形成的链式传感网络为基础,基于无线节点能量损耗模型研究了链式网络节点覆盖路由,采用核典型相关性分析探寻了链式拓扑结构下无线信号集相关性,融合相关无线数据增强无线测距精度来提高无线定位精度,在此基础上深入研究无线测距误差、锚节点基准误差以及部署密度与采煤机定位精度之间的变化规律,提出了链式无线传感器网络与捷联惯导系统协作定位方法,构建了基于异构网络多参量时空匹配及自适应协调校正的紧耦合机制,实现了采煤机定位定姿。本书的研究解决了综采工作面"三机"联动中采煤机稳定和精确定位问题,促进了先进技术在采矿装备上的应用,改善了煤矿井下采矿装备协同自动化、信息化和智能化水平,为井下无人或少人开采及实现"数字矿山"奠定技术基础,能够保障煤炭资源的高效开采及安全生产。

本书作者攻读研究生期间在中国矿业大学开展移动装备定位跟踪方面研究工作,目前任职于河海大学物联网工程学院,主要从事机械装备位姿检测的基本理论研究和工程实践,开展移动装备定位系统平台开发、集成及调试等工作,积累了较丰富的理论研究及工程实践经验,取得了阶段性的研究成果。近年来在《Journal of Network and Computer Applications》《Computer Communications》《Mobile Networks and Applications》《IEEE Access》《Micromachines》《Arabian Journal of Geosciences》《中南大学学报》《农业机械学报》《仪器仪表学报》《光学精密工程》以及《煤炭学报》等本学科国内外重要期刊及 IEEE 等国际学术会议上发表学术论文 30 余篇,申请并已授权国家发明专利 10 余件。主持和参与多项国家高技术研究发展计划、国家自然科学基金项目及江苏省自然科学基金项目等。

科学研究需要悟性,但是更需要定力。希望作者并相信作者能够持之以恒地开展动目标定位跟踪方面的研究工作,践行博观而约取、厚积而薄发的精神,以此为始在学术道路上做更多有益的和有趣的探索。作为其导师,我欣然看到作者将多年的工作成果和经验加以总结并出版此专著,相信本书的出版定能够为移动目标位姿检测的推广应用提供技术支持,亦为本领域的研究人员提供有益的启示和借鉴。基于此,乐作此序。

2018.08.18

前　言

　　我国煤矿开采要减少安全事故,降低死亡率,必须大力发展"数字矿山",提高煤矿井下机电装备的信息化和自动化水平,从而实现井下无人或者少人开采的最终目标。煤矿井下工作面采矿机群主要由采煤机、刮板输送机和液压支架构成,它们相互配合,承担着破煤、运煤以及支护等任务,是建设安全高产高效煤矿的关键部分。因此要实现无人或少人化自动和智能采矿,必须实现由采煤机、刮板输送机和液压支架组成的采矿机群间联动。在煤矿井下采矿机群联动过程中,液压支架的动作、刮板输送机的动作与采煤机的位置、牵引速度和牵引方向之间存在相互约束关系,同时采煤机实时动态位姿检测对采煤机滚筒自适应调高也具有关键作用。在这种工程应用背景下,为了能够适应井下工作面复杂的采矿环境,实现采煤机自动截割煤壁和液压支架跟机自动化,对采煤机位姿传感的同步性、高速性与精确性提出了更高的要求。因此,对采煤机的空间位置及姿态进行准确检测,即采煤机空间动态位姿检测具有重要理论意义和实际工程应用价值。

　　本书以采煤机、掘进机及运载车辆等移动装备为研究对象,以煤矿窄长空间内形成的链式传感网络为基础,根据无线节点能量损耗模型研究了链式网络节点覆盖路由策略,采用核典型相关性分析探寻了链式拓扑结构下相关性无线信号集,推导了约束总体最小二乘方程并求解了移动目标位置,在此基础上深入研究无线测距误差、锚节点基准误差以及部署密度与采煤机定位精度之间的变化规律,提出采用捷联惯导系统(SINS)与链式无线传感器网络(CWSN)协作来实现采煤机稳健的定位定姿,能够为综采工作面液压支架跟机自动化和采煤机自适应截割提供定位服务。本书主要形成以下结论：

第一、设计了适用于窄长结构的链式无线传感器网络节点覆盖路由。由于链式长度方向节点均匀和非均匀部署，容易存在能耗不均衡以及"热区"效应等，首先确定了以感知节点簇、传输节点簇以及双基站来构建煤矿链式无线传感器网络，以网络最佳生存时间为目标函数，基于无线节点能量消耗研究了感知节点簇和传输节点簇覆盖控制，设计了链式无线节点路由路径，提出了适合于煤矿窄长空间下非均匀对称簇节点覆盖部署策略，融合了无线节点非均匀部署和分簇部署的优点，在此基础上进行了煤矿链式网络能耗均衡以及链路通信负载优化等研究。

第二、研究了不确定锚节点下典型无线数据分析定位移动目标。通过研究煤矿移动目标在窄长空间运行特征，煤矿链式结构下移动目标相似几何位置附近无线信号集存在广泛的相关性，但是煤矿井下传感器噪声以及环境噪声使得无线信号集间呈现非线性关系，采用了核典型相关性分析无线信号集，在此基础上对相关性最大的无线信号集进行了融合，考虑到煤矿链式结构两边锚节点基准坐标发生漂移，采用了约束总体最小二乘方法求解移动目标位置，实现了基于增强测距精度提高煤矿移动目标定位精度。

第三、建立了包含多源误差的拓展克拉美-罗下限采煤机定位精度评估模型。根据综采工作面采矿机群协同运动规律，构建了液压支架与采煤机的联动模型，基于采煤机位置制定了液压支架联动规则；建立了采矿机群下无线网络坐标系，基于液压支架上锚节点与采煤机上移动节点间的无线局域强信号集与定位空间域的对偶映射，结合综采工作面运行特性约束锚节点基准坐标误差尺度，推导了包含无线测距误差和锚节点基准坐标误差的扩展克拉美-罗下限评估模型，研究了多源误差和节点部署与采煤机定位精度的变化规律。

第四、提出了一种采用 SINS/CWSN 协同进行采煤机稳健位姿检测的技术。对采矿机群运动学及参数约束进行了建模,推导了 SINS 下采煤机姿态、速度以及位置方程和对应的误差方程。SINS 为短时精确定位采煤机位置误差会随时间发散,采用 CWSN 与 SINS 对采煤机位置进行协同定位,探寻了 SINS 和 CWSN 时间匹配及其引起的位置误差,研究了 SINS/CWSN 多参量交互机制,构建了 SINS/ CWSN 下采煤机位置解算紧耦合模型,实现了 SINS 和 CWSN 失效时采煤机位置自适应协调校准。

第五、设计了基于采煤机定位的煤层厚度变化 HMM 记忆截割策略。分析了采煤机牵引方向和推进方向运行特性,基于 SINS 采煤机三轴姿态参数对采煤机截割滚筒高度进行了建模,同时在 SINS/CWSN 采煤机位置参数支持下结合采煤机示教-跟踪记忆截割原理,设计了针对煤层厚度变化的 HMM 记忆截割策略,发掘了相邻示教截割高度轨迹相关性,在有限截割点干预下实现了采煤机对渐变煤层的跟踪,增加了采煤机记忆截割策略的精度和可实用性。

对于本书的完成,首先要感谢中国矿业大学李威教授,作为我的博士生导师其优秀的人格品质、严谨的治学态度、丰富的理论和实践经验、孜孜不倦的钻研精神及宽容谦和的风范给我树立了潜移默化的典范作用,在此谨向我的导师致以衷心的感谢和深深的敬意。本书的研究和出版得到了江苏省自然科学基金青年基金项目(BK20180189)、国家自然科学基金(61671202,61573128,61873086)以及国家高技术研究发展计划(863 计划)课题(2013AA06A411)的资助。同时,还要感谢求学和工作以来一直给予我支持和鼓励的家人、老师、同事、同行以及学生,在此一并表示感谢。

感谢自己的坚持和执着,愿真情妙悟铸文章。

著 者

2018.06.22

目　录

1 绪 论

1.1 研究背景和意义

煤炭是我国国民经济的基础能源和原料,占一次能源的 70% 左右。虽然近年来国家号召节能减排、鼓励开发新能源,但以煤为主的能源结构在国家经济生产活动中占据重要作用[1,2]。我国煤炭存在资源不富余、产能增长过快、地质条件日趋复杂、安全开采不平衡以及煤炭利用不清洁等问题[3]。因此,煤炭工业能否健康、稳定发展对于我国的能源安定和经济发展具有重要意义[4,5]。

随着我国煤矿开采规模和煤层开采深度逐年加大,工况条件越来越复杂,煤矿安全问题一直被高度关注,而其最有效的解决方案就是实现煤矿生产装备机械化及自动化[6]。我国煤矿开采要减少安全事故,降低死亡率,必须大力发展"数字矿山"[7]。通过发展新技术来提高煤矿井下机电装备的信息化和自动化水平,从而实现煤矿井下无人或者少人开采的最终目标,也是当前国际采矿界研究的热点[8,9]。

煤矿生产处于地下作业,作业场所封闭狭窄,作业过程复杂且动态变化[10]。而矿工作为井下的主要移动目标,在复杂多变的矿井环境进行采煤机作业,因此对矿工进行实时定位跟踪具有重要意义。如图 1-1 所示,在煤矿正常运行过程中,矿井人员定位系统能够统计当前矿井工作人员数量,监测矿工实时位置,绘制矿工历史运行轨迹,分析优化矿工生产作业,限制矿工进入危险区域内活动以及管理矿工出井时间等,因此矿井人员定位能够实时将分布在煤矿生产现场的分散区域内的人员作业情况传输给监控中心,使得地面管理员能够对井下矿工及作业设备进行合理调度管理。一旦矿井出现险情和灾害时,矿工的精确定位是有效救援的基础,救援人员能够根据定位系统提供的事故地点人员数量、每个矿工人员信息及位置,制定有针对性的救援措施,提供最佳的逃生路线,提高矿井灾变环境下抢险效率和救护效果。因此,集井下人员考勤、跟踪定位、灾后急救、日常管理等于一体的矿井人员定位综合性应用系统,是煤矿井下安全避险"六大系统"之一,已经在提高煤矿自动化水平,保障煤矿安全生产及矿工安全中发挥了重要作用[11]。

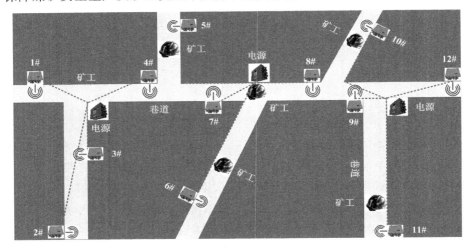

图 1-1　煤矿巷道矿井人员定位

在国家能源集团、中国煤炭科工集团、煤炭科学研究总院、中国矿业大学、清华大学、山东科技大学以及辽宁工程技术大学等科研院校及企业的推动下,煤矿井下人员定位系统,已经从采用矿灯管理、条形码、光电孔卡式技术,发展到指纹和红外线等技术来对矿井人员进行识别。国家能源集团率先与 UT 斯达康合作研发的 PAS 无线通讯系统,通过数字接口连接基站能够实现煤矿井下实时语音与数据呼叫,通过了煤炭研究所对其井下防爆的检测。中国煤炭科工集团研发生产的 KJ251A-K1 煤矿人员管理系统,能够对矿井内人员或者车辆等目标,实现实时监测、跟踪定位、爆破闭锁、紧急搜救及考勤管理等功能[12]。煤炭科学研究总院的 KJ69 矿井人员管理系统,利用短距离无线通讯技术,实现了读卡器自组网、人员定位与目标跟踪等功能,已经在多个煤矿进行了安装使用[13]。中国矿业大学(北京)主要参与研发的 KJ280 井下高精度人员定位系统,综合利用计算机技术、信息处理技术、无线传输技术、自动控制技术以及无线组网技术等,能够对井下移动人员进行非接触式信息采集,实现了矿井内无盲区人员定位[14]。

综采工作面作为整个煤矿开采最为重要的场所,其由采煤机、刮板输送机和液压支架组成的采矿机群构成,它们相互配合承担着破煤、运煤及支护等任务[15,16]。在综采工作面中,采煤机紧靠煤层,其机身骑在刮板输送机的溜槽上,在牵引装置的带动下,沿刮板输送机的溜槽往复移动,进行割煤操作;刮板输送机沿煤层走向安放,并通过推移千斤顶与液压支架相连,由液压支架负责推移;液压支架及时支护采煤机采空过后的顶板[17]。在采矿机群联动过程中,液压支架的动作、刮板输送机的动作与采煤机的位置、牵引速度和牵引方向之间存在相互约束关系,液压支架需要根据采煤机位置信息进行降柱、推溜及移架等工序,同时采煤机位置对于采煤机记忆截割自动化也具有关键作用[18,19]。因此,要实现采矿机群联动工作,首先必须实现对综采工作面的采煤机位置进行准确检测,即对采煤机的精确定位[20-22],如图1-2所示。

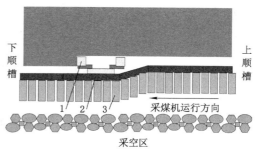

图 1-2　综采工作面现场图和示意图

1——采煤机;2——刮板输送机;3——液压支架

综采工作面采煤机定位方法有红外对射法[23]、超声波反射法[24]、齿轮计数法[25]以及捷联惯导法[26,27],如表1-1所示。

齿轮计数法通过检测采煤机行走齿轮转动圈数,利用齿轮周长换算采煤机的行走距离,但是齿轮计数法具有累积误差,且只能实现直线定位;红外对射法是在采煤机与液压支架上分别安装红外发射器和接收器,通过接收器接收到发射器的红外线信号获知采煤机位置。其不足之处是不能连续监测采煤机的位置,同时一旦液压支架和采煤机不在一个水平高度上,则接收器很难接收到信号;超声波反射法则是在顺槽安装超声波反射器,超声波经采煤机反射后由顺槽的接收器接收,通过回波时间反算距离。该方法存在的缺陷是在工作面长度较大的情况下,声衰很大,造成回波误差大甚至无法收到回波。为了实现采煤机位置及姿态检测,有学者提出了采煤机惯性导航定位方法,利用陀螺仪和加速度计等惯性敏感器件对采煤机三轴角速度和三轴加速度进行实时测量,经解算得到采煤机的姿态、速度及位置等导航信息,但是对于采煤机位置检测长时间存在累积误差。

表 1-1　　　　　　　　　　　　采煤机位置检测方法

检测方法	齿轮计数法	红外对射法	超声波反射法	捷联惯导法
基本原理	通过检测采煤机牵引部轮齿转动个数后换算出采煤机的具体位置	通过液压支架上接收器接收来自采煤机上发送装置的红外信号来确定采煤机位置	通过采煤机反射来自液压支架上超声波发射装置的超声波来确定采煤机位置	通过利用陀螺仪和加速度计对角速度和线速度积分运算来确定采煤机位置
成熟度	非常成熟	成熟	成熟	一般
精度	较高	低	低	短时较高
安装难度	较难	较难	容易	较难
经济性	好	差	差	差
扩展性	好	较好	差	好

煤矿井下移动目标主要有采煤机、掘进机、运输车辆以及矿井人员等,考虑到煤矿井下复杂、动态的和不确定性的环境,存在采矿装备数量众多、生产环境多变、布线受限、监控难度大等挑战,目前已有的研究主要集中在煤矿安全监测或者人员定位。因上述方法对于移动目标的定位均具有较大的误差,为了进一步提高和改善煤矿井下移动装备的定位精度及自主性,尤其是实现煤矿移动装备中采矿机群的自主定位,需要将新的技术引入到煤矿井下移动装备定位中[28,29]。无线传感器网络(Wireless Sensor Networks,WSN)作为全新的信息获取和处理技术,具有分布式、网络化及智能化等优点,同时无需固定设备支撑,可以快速部署,非常适合难以使用传统有线通信机制的恶劣环境[30,31]。煤矿井下无线传感器技术,利用无线传感器网络自组网以及灾变残存性等优点,对煤矿环境恶劣以及不能快速便捷布线的区域进行监控,因此受到了越来越多的关注。目前,利用无线传感器网络实现车辆的无线定位和导

航、人员的定位与跟踪、煤矿井下工作面安全监测、无线移动通信等的功能，开发了全矿井无线信息系统，从而能够提高煤矿安全监控系统的稳定性和可靠性。

尽管无线传感器网络已经在煤矿安全监测方面具有较好的应用，但是由于煤矿井下无线传感器网络定位存在复杂性，以及矿井内无线信道环境的不确定性，涉及矿井内链式传感器网络构建、无线信源估计、抗非视距环境干扰、定位算法解算以及数据融合技术等方面，因此矿井内移动目标的定位研究仍然是一个相对薄弱领域。尤其是对于综采工作面采煤机，单纯依靠无线传感器网络对采煤机进行定位，无法获得稳定的精确位置，且无法同步输出采煤机的实时位姿，需要利用其他传感器与无线传感器进行协同，实现采煤机定位定姿态。捷联惯导系统(Strapdown Inertial Navigation System，SINS)作为一种自主定位系统，具有安装简便可靠，能够利用载体自身惯性信息进行定位，不向外辐射能量等特点，主要利用其陀螺仪和加速度计，通过对其角速度和加速度进行测量，能够得到移动目标的姿态、速度以及位置等惯性参量。

本书以煤矿井下移动装备为研究对象，进行煤矿井下链式结构无线传感器节点的部署，在此基础上建立锚节点与移动节点间无线信号域与定位空间域间的对偶映射，通过核典型相关分析来探寻多组相关的无线信号集，采用约束总体最小二乘解算获得移动目标位置信息；继而在建立采矿机群运动学模型基础上，研究无线测距误差、液压支架上锚节点基准误差、锚节点部署密度等多因素对采煤机定位精度的影响，进一步考虑到无线信号容易受到环境噪声以及系统噪声的干扰，研究了无线传感器网络与捷联惯导系统紧耦合下采煤机协作定位，并探讨两种定位方法下采煤机位置自适应协调校准测量，实现基于链式传感器网络下采煤机的精确定位定姿。

1.2 矿井动目标的定位

与无线传感器网络的常规应用场景不同，存在一类狭长区域的监测环境，如公路、桥梁、地铁、石油管道、煤矿巷道、综采工作面等场景，需要进行车流统计、桥梁变形、地铁故障报警、管道漏油、人员定位、采煤机跟踪等应用开发[32]。本书以采矿机群、掘进机、运载车辆、矿井人员等煤矿移动目标为研究对象，在煤矿链式无线传感器网络中，总结煤矿移动目标定位过程中的理论和技术，尤其采煤机定位是液压支架跟机自动化和采煤机滚筒自适应截割的基础,面向煤矿井下动目标定位提出本书所需要解决的问题,如图1-3所示。首先要进行链式无线传感器网络构建,基于节点能量损耗模型进行链式无线传感器网络服务质量优化,所以链式拓扑结构下无线节点部署是本书所要解决的关键问题之一;其次,由于链式网络拓扑结构特性使无线信号存在广泛的相似性,因此利用位置相关性来探寻幅值相似的无线信号集,进行不确定锚节点下基于无线信号关联,来增强移动目标无线定位精度是本书所要解决的关键问题之二;最后,单纯采用无线传感器网络由于受到信号遮蔽、障碍物反射等影响容易造成无线测距误差较大,需要在多源误差下对采煤机定位精度进行分析,探求影响采煤机定位精度的因素是本书所要解决的关键问题之三;在此基础上采用外部传感器进行补偿来提高采煤机无线定位精度,如何构建无线传感器网络和捷联惯导系统之间的紧耦合模型来实现采煤机协同定位是本书所要解决的关键问题之四;采煤机定位是采煤机自适应截割的基础,基于采煤机位姿解算设计采煤机记忆截割策略来提高采煤机记忆截割轨迹精度和减少调节截割滚筒频率是本书所要解决的关键问题之五。采矿机群三机联动中液压支架跟机自动化以及采煤机自适应截割是其自动化的关键,而采煤机位姿决定

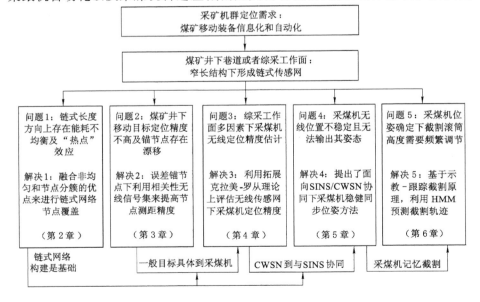

图 1-3　矿井动目标定位

了液压支架动作与采煤机动作时序,因此需要基于采煤机位姿设计液压支架联动规则和采煤机自适应截割策略,增加链式传感网络在煤矿井下移动装备定位的有效性和实用性。

1.3 无线定位研究现状

无线传感器网络的出现引起了全世界范围的广泛关注[33,34]。随着嵌入式计算技术、通信技术、节点和电路制造技术的飞速发展,无线传感器网络得到了突飞猛进的发展[35,36],短距离无线通信技术主要有 RFID,Bluetooth,WiFi,ZigBee 以及 UWB,如表 1-2 所示。

表 1-2 短距离无线通信技术

通信方式	通信距离	工作频率	传输速率	技术标准
RFID	1～30 m	130 kHz～13.56 MHz	100 kbit/s	ISO/IEC
Bluetooth	10 m	2.4 GHz	1 Mbit/s	IEEE802.15.1/1a
WiFi	100 m	2.4 GHz	11 Mbit/s	IEEE802.11b/a/g
Zigbee	10～75 m	250 GHz	20 kbit/s～250 kbit/s	IEEE802.15.4
UWB	10～20 m	3.1 GHz～10.6 GHz	<1 Gbit/s	IEEE802.15.3a

RFID 无线通信技术利用射频信号和空间耦合传输特性,实现对物体的识别,较广泛地应用于物流、供应链以及身份鉴别等领域;Bluetooth 是一种低功率短距离的无线通信,采用跳频技术抗信号衰落,在公共安全、智能汽车以及工业生产等领域获得使用;WiFi 是一种无需通信电缆而提供以太网或令牌网络的无线通信方式,在家庭或者办公等场所使用;ZigBee 是一种短距离、低功耗的无线通信技术,在电子设备、智能控制以及医护设备等领域获得了广泛的应用;UWB采用纳秒级的非正弦波窄脉冲传输数据,具有传输速率高、抗干扰性好及多径分辨能力强等优点,在地质勘探、精确定位以及可穿透障碍物等领域使用。

1993 年,美国加州大学洛杉矶分校与罗克韦尔中心首次启动了"集成的无线网络传感器计划(WINS)";2003 年,美国商业周刊和 MIT 技术评论员将其誉为 21 世纪最有影响的 21 项技术之一和改变世界的十大技术之一[37]。2006年美国国会启动了"The Mine Improvement and New Emergency Response

Act of 2006"的提案,开展了基于网状网络通信技术来实现矿井安全的监测与预警。2009 年 6 月,欧盟在布鲁塞尔提交了以《物联网—欧洲行动计划》为题的公告,其目的是希望欧洲构建新型物联网管理框架来引领世界物联网发展,为物联网未来的发展以及研究领域指明了方向。日本在 2009 年 7 月提出新一代的信息化战略"I-Japan 战略 2015",将交通、医疗、智能家居、环境监测作为应用新一代信息化技术的重点行业。

与此同时,国内关于无线传感器网络的研究主要在中国科学院、中国科技大学、浙江大学、中国矿业大学等科研机构、高校和企业间展开。2009 年成立中国科学院物联网研究发展中心,致力于建设国家级"感知中国"创新基地,专门从事中国物联网创新和产业发展的研究工作[38];与"无锡感知中国中心"南北呼应,2010 年中国矿业大学成立"感知矿山"研究中心,提出了"感知矿山"物联网技术方案,力争建成"中国感知地下中心"[39]。2010 年 6 月,在 2010 中国国际物联网大会上,工信部称物联网已经正式被列入国家重点发展的五大战略性新兴产业。

煤矿无线传感器网络理论和方法的研究获得了国家的科研资助[40],在煤矿移动目标尤其是人员定位方面的研究也获得了相应的资助。2005 年中国科学技术大学在国家发展改革委员会资助下立项研究"基于 CNGI 和 WSN 的矿山井下定位与应急联动系统",通过无线传感网络对每个矿工进行实时定位,期望实现与各种灾害预警系统的联动;2006 年湖南大学在国家自然科学基金项目资助下开展"一类复杂环境下的无线传感器网络定位算法研究",针对矿井隧道这类特殊的场景进行定位研究;2006 年上海交通大学承担国家 973 项目"无线传感网络的基础理论及关键技术研究"课题,其子课题"无线传感网络应用示范系统"专门开展了基于无线传感器网络的煤矿安全研究;2007 年中国矿业大学在国家自然科学基金项目资助下开展"煤矿工作面无线传感器网络组网关键技术研究";2012 年中国矿业大学在国家自然科学基金青年基金资助下开展"自适应异构无线应急救援传感器网络基础研究",以上项目的资助主要集中在煤矿无线传感器网络理论以及煤矿人员方面,为提高煤矿安全监测以及人员实时定位提供了很好的理论与技术支持。

对大多数应用,传感器采集的数据必须和监测区域相对应,能够说明"在什么位置或区域发生了特定事件",才能实现对目标的监测和跟踪[41],而且随着定位精度的不断提高,其应用的领域和范围在不断扩展。在面对一些复杂的任务时,如机器人多机作业、车辆智能调度、巷道人员定位及采煤机移动定位等,移动目标甚至能够按照功能需求移动到预定目的地,定位技术为其提供重要的支持,从而使目标动态定位成为活跃的研究领域。传统的定位机制采用人工部署和 GPS,在地面或空中等室外开阔环境下,为移动目标安装 GPS 接收器,能够实时获得移动目标的运动位置,尽管其定位精度不高,但作为一种成熟的方案而受到广泛的应用。而对于室内或矿山等封闭环境下移动目标的定位,GPS 信号传播过程中容易受到封闭环境的遮蔽,从而无法利用 GPS 获得移动目标的位置。因此,很多学者研究了不依赖于 GPS 的移动目标定位,而无线传感器网络利用某种定位机制和求解算法,实现了在一定区域内能够识别定位目标而受到广泛的关注。

在定位监测区域,布置大量的无线节点通过节点自组织组网构建无线传感器网络,其中根据是否已知坐标位置将无线节点分为锚节点和移动节点。在锚节点通信范围内,通过移动节点与其进行通信获得相对的位置,建立关于移动节点与锚节点间几何关系,同时采用某种特定的定位解算方法,获得无线传感器网络中移动节点的位置,如表 1-3 所示。

表 1-3 **无线传感器网络定位技术**

节点类型	无线测距	测距下解算	非测距下解算	性能评价
锚节点	RSSI	三边法	质心	定位精度
	TOA	极大似然	APIT	节点密度
移动节点	TDOA	WLS	凸规划	容错性
	AOA	CHAN	Dv-Hop	功耗代价

根据是否利用节点间点到点的距离或者角度信息,无线传感器网络定位分为非测距技术的定位机制(Range-free algorithms)和基于测距技术的定位机制(Range-based algorithms)[42]。对于非测距的定位方法主要有基于网络连通性的质心算法、基于节点间相对位置的近似三角形内点测试法(Approximate Point-In-Triangulation test,APIT)、基于多跳传感器网络节点间跳数的 DV-HOP 以及凸规划等定位方法等[43]。基于非测距的定位技术由于其功耗低、计算量少以及定位精度低,在某些场合下满足定位要求,但是对于一类定位精度要求较高的应用,大多采用基于测距的定位方法。基于测距技术的定

位机制通过测量锚节点与移动节点之间的无线信号,如接收信号强度指示(Received Signal Strength Indicator,RSSI),信号到达时间(Arrival of Time,TOA),信号到达时间差(Time Difference of Arrival,TDOA)以及信号到达角度(Arrival of Angle,AOA),来对移动节点位置进行精确求解。

(1) RSSI 测距

RSSI 测距主要基于信号传输过程中接收信号强度会随着距离增加而衰减,其衰减特性包含节点的距离信息,通过无线信号发射功率与接收功率来计算传输过程中的损耗,在建立信道模型基础上将传输损耗转化为节点间距离。在自由空间中信号强度与传播距离的平方线性负相关,其关系可以用 Friis 表示为[44]

$$P_r(d) = \frac{\lambda^2}{(4\pi d)^2} P_t G_t G_r \tag{1-1}$$

式中　$P_r(d)$——接收器在距离信号源 d 的位置所接收到的信号强度;

　　　P_t——信号源传输功率;

　　　G_t,G_r——分别是发送天线和接收天线的增益;

　　　λ——信号波长。

RSSI 测距比较依赖于信道传播模型,无线信号反射及多径等会影响RSSI测距误差,且难以用精确的数学模型去刻画环境等对无线信号强度的影响。随着节点距离增加无线 RSSI 值衰落变化明显,而距离增加到一定值其 RSSI 值衰落变化相对缓慢,因此 RSSI 测距由于无线信号衰落导致无线测距误差会显著增加。作为一种低功率、粗糙的技术,RSSI 测距容易受到环境的干扰而具有较大的测距误差,而定位精度在很大程度上取决于测距精度。

(2) TOA 测距

定位空间部署的锚节点和移动节点进行通信,通过测量无线信号从信号源出发到接收到该信号为止传输所用的时间,在锚节点和移动节点的本地时钟同步条件下,无线节点能够准确地测量 TOA 值[45]。根据 TOA 测距方式不同其可以分为单程到达时间法和双程到达时间法,如图 1-4 所示。单程到达

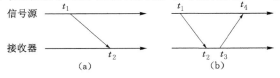

图 1-4　无线 TOA 测距法

(a) 单程到达时间法;(b) 双程到达时间法

时间法基于无线信号单程的传播时间即信号发送时间与到达时间之差,在信号源与接收端之间时间同步基础上其节点间几何距离可表示为:

$$d = (t_2 - t_1) \times v \tag{1-2}$$

式中 t_1, t_2——分别是信号的发射和到达时间;

v——信号传播速率。

双程到达时间测距法基于信号源发出信号后再接收到该信号的往返时间,其基本测距原理为:由信号源发送数据包到接收端并由接收端向信号源发送确认包,继而由接收端发送数据包到信号源并由信号源向接收端发送确认包,在信号的往返测量过程中需要记录信号从被发出到再次接收到信号之间的时间差。双程到达时间测量由于不需要记录信号被发出或者被接收到的精确时间,因此双程到达时间测距法无需节点间时间同步。其几何距离可表示为:

$$d = \frac{(t_1 - t_2) + (t_3 - t_4)}{4} \times v \tag{1-3}$$

式中 t_1——从信号源发出信号到接收端收到从信号源发出信号所用时间;

t_2——接收端接收到信号源发出的数据开始启动时钟并将数据返回给信号源后关闭时钟期间所用的时间;

t_3——从接收端发出信号到信号源收到从接收端发出信号所用时间;

t_4——信号源接收到接收端发出的数据开始启动时钟并将数据返回给接收端后关闭时钟期间所用的时间;

v——信号传播速率。

(3) TDOA 测距

单程 TOA 测距需要节点间的时间同步,双程 TOA 测距无需节点时间同步但是需要进行多次的信号到达时间测量,频繁无线通信会耗损大量有限的节点能量。基于 TDOA 测距是根据信号到达锚节点的时间测量差进行定位的。其测距基本原理为:首先获得移动节点到达两个锚节点的时间差,将其时间差转化为距离差,并分别建立双曲线方程联立求解得到移动节点位置,如图 1-5 所示。

令锚节点坐标为 (x_1, y_1)、(x_2, y_2) 和 (x_3, y_3),移动节点坐标为 (x, y),t_1、t_2 和 t_3 分别为移动节点与三个锚节点之间的时间,其 TDOA 测量可以表示为

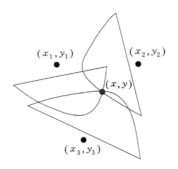

图 1-5　无线 TDOA 测距法

$$\begin{cases} \sqrt{(x_2-x)^2+(y_2-y)^2} - \sqrt{(x_1-x)^2+(y_1-y)^2} = v(t_2-t_1) \\ \sqrt{(x_3-x)^2+(y_3-y)^2} - \sqrt{(x_1-x)^2+(y_1-y)^2} = v(t_3-t_1) \end{cases}$$

(1-4)

式中　　v——信号在空气中的传播速度。

　　TOA 是通过锚节点和移动节点之间的信号传播时间来计算距离值,而 TDOA 方法则是计算 TOA 信号间的差值。如果 TOA 测量达不到有效的精度,就不能获得精确的 TDOA 值,不精确的 TDOA 值将会使无线定位具有较大误差。在锚节点和移动节点的本地时钟同步条件下,无线节点能够准确地测量 TOA 值;TDOA 方法不依赖于移动节点和锚节点间的时钟同步,而需要所有锚节点的时钟能够同步,与锚节点与移动节点间时间同步相比,可以将锚节点通过交换机进行有线连接实现时间同步[46]。

　　(4) AOA 测距

　　AOA 技术是基于节点间的角度进行定位的,无需锚节点与移动节点乃至于锚节点之间的时间同步。AOA 测距原理为:通过锚节点与移动节点间无线信号到达方向计算出锚节点与移动节点之间的相对方位或者角度。该方法的缺点是环境噪声、障碍物遮蔽以及非视距干扰等均会影响角度测量精度,同时无线节点的方向以及无线节点间的距离亦均影响测量精度,而且 AOA 计算需要额外的硬件,其复杂度较高,AOA 测距精度劣于 TDOA 测距精度。AOA 测距原理如图 1-6 所示。

　　令锚节点坐标为 (x_1,y_1) 和 (x_2,y_2),移动节点坐标为 (x,y),两个锚节点与移动节点之间到达角度分别为 α 和 β,则其 AOA 测距可以表示为:

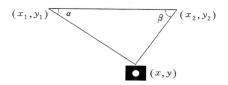

图 1-6 无线 AOA 测距法

$$\begin{cases} y_1 - y = (x_1 - x)\tan\alpha \\ y_2 - y = (x_2 - x)\tan\beta \end{cases} \tag{1-5}$$

AOA 测距的精度取决于硬件设计,同时天线的方向能够影响角度测量精度,可以通过设计天线阵列的方式来提高角度测量精度,或者可以基于信号子空间分析对到达角度信号进行处理提高估计精度[47]。

对于无线传感器网络定位,精确测距是精确定位的基础。基于无线信号 RSSI、AOA、TOA 以及 TDOA 等测距方式,基本的定位方法如下:三边法、极大似然估计法、加权最小二乘法(Weighted Least Squares,WLS)、CHAN 方法以及智能滤波算法等。

为了评估各种定位机制及算法的性能,通常需要讨论以下几个评价标准[38]:

(1)定位精度:定位精度是评价定位性能最重要的指标,一般分为绝对定位精度和相对定位精度。

(2)锚节点部署:锚节点部署策略尤其是锚节点密度往往决定着定位系统成本,因此在合适的定位精度下应该降低锚节点的部署密度。

(3)定位容错性:在真实应用场合由于节点自身失效或者环境因素,容易对无线信号造成干扰从而引起定位误差,因此定位算法需具有较强的容错性。

(4)节点能量有效:由于无线节点通常采用电池供电,因此需要在保证节点定位性能的同时考虑计算量、通信开销以及时间复杂度等因素。

1.3.1 链式传感网节点部署研究现状

当前我国正在进行数字矿山的建设,其主要目标是提高矿山安全与智能采矿,通过多传感器将采集的瓦斯浓度、顶板压力、粉尘浓度、温度、风速等参数通过有线电缆传输到地面控制台,实现矿井参数实时自动监测[48]。由于煤矿井下尤其是综采工作面设备众多,采用有线监测需要敷设大量的电缆,综采工作面空间狭窄使得电缆布线繁琐,而且采矿装备运动及工作面推移易使电缆砸断或者接触不良,同时由于井下条件恶劣使得电缆容易遭受腐蚀磨损,增加了线路中断故障率以及数据误码率,从而影响整个煤矿安全监测系统的性能。为了克服有线远程监控的不足,采用无线方式来进行采矿装备的远程监控,可以建立一个组网灵活、可扩展性强以及安全可靠的煤矿安全监测系统。

对于煤矿井下巷道或者综采工作面,其几何拓扑形状为窄长链式结构,节点部署呈现带状分布,构成链式无线传感器网络(Chain-type Wireless Sensor Networks,CWSN)。很多学者将无线传感器网络应用到煤矿安全监测中,Akyildiz 等[49]提出采用无线传感器网络进行煤矿甲烷和一氧化碳的监测,并通过地面与地下特殊的网络拓扑结构,使传感数据能够快速地传递到地面控制台;Hargrave 等[50]考虑菲涅耳以及无线电多径效应的影响,调整无线传感器节点天线的最佳方向从而实现无线网络完全覆盖,在长壁开采自动化工作面构建无线局域网;Li 等[51]在矿井中采用多个 Mica2 进行实际测试,通过实验获得的真实数据,对拓扑结构自适应感知无线传感器网络进行改进;Zhu 等[52]提出了一种能够用于煤矿瓦斯监测的节点部署方法,并采用蒙特卡罗与 Opnet 软件相结合的方法对其网络服务质量(Quality of Service,QoS)进行验证。但是受煤矿粉尘、噪声、湿度等恶劣环境的影响,节点故障率高,链式网络局部发生故障容易造成整个网络的瘫痪,因此针对煤矿井下不同的应用需求需要对煤矿链式结构下节点部署进行深入研究。Chen 等[53]首先提出了矿井链式无线传感器网络结构(Chain-type Wireless Underground Mine Sensor Networks,CWUMSN),并根据节点能量损耗模型进行节点部署策略研究,使链式网络能效最佳;Sun 等[54]针对矿井长链结构下节点能量消耗不均匀的特点,提出了一种基于聚类的矿井链式无线传感器网络,在保证网络连通性基础上有效延长了链式无线传感器网络的生命周期;乔钢柱等[55]研究了一种基于位置估计的多跳路由协议,该路由协议能够自动选择最佳的中继节点建立有效路由,解决了链式网络下节点能量消耗不平衡的问题;杨维等[56]在掌握煤矿巷道环境下参数监测需求的基础上,提出了一种面向煤矿的层次型监测平台,并开发了相应的软硬件平台,在模拟煤矿巷道的环境下进行了系统的测试,能够提供一定的借鉴。

1.3.2 数据融合下移动目标定位研究现状

当前,移动目标定位随着其定位精度的不断提高,其应用的领域和范围在不断扩展,在机器人多机作业、车辆智能调度、移动目标跟踪导航等方面提供了重要的支持。同时,在煤矿井下普遍采用 RSSI 无线信号进行人员定位,对于煤矿安全生产、抢险救灾具有积极的意义,由于综采工作面采煤机定位需要更高的精度,而煤矿综采工作面属于典型的密集多径环境,存在着反射、散射、衍射、多径效应等现象,容易受到复杂环境的干扰,给无线测距带来较大的误差,而对有关综采工作面无线电传输模型还没有深入研究,其无线定位仅停留在粗定位的阶段[57]。因此有学者提出采用提高无线测距精度来提高煤矿井下移动目标的定位精度[58]。

对于采用无线信号在复杂环境下进行定位,许多学者从信源估计方面开展了丰富的研究。吴绍华等[59]针对密集多径环境下超宽带无线测距存在误差,以信号传播路径损耗模型为基础,通过信号多径分量中的直射路径结合最强路径,对超宽带无线测距误差进行校正并利用实测数据进行了验证。Iwaki-ri 等[60]提出了一种基于时间域平滑处理的 TOA 和 AOA 估计方法,在视距环境下实现测距误差和角度误差分别为 10 cm 和 1°,增加了信号的分辨率;Tuchler 等[61]设计了适用于多径环境下的 UWB 无线节点,并研究了测距精度与脉冲频谱的关系;Gezici 等[62]探讨了应用克拉美-罗下限(Cramer-Rao Low Bound,CRLB)估计法求解 UWB 信源理论值,能够为提高定位精度提供理论支持;丁锐等[63]提出了一种利用矩阵束算法估计 TOA 与 AOA 参数进行联合定位的算法;肖竹等[64]以超宽带无线测距和定位一体化为主线,进行了 TOA 估计、定位误差建模以及非视距环境鉴别的研究,提高超宽带无线定位精度。对于煤矿复杂环境下超宽带无线定位,一些学者进行了初步的探索。王艳芬等[65]考虑到路径损失、多径衰落等因素,建立了煤矿巷道超宽带无线信道模型,并结合实测数据修正了模型;Wu 等[66]建立了井下超宽带无线信道衰减模型,考虑无线信号路径损耗前提下进行了定位算法研究;Chehri 等[67]采取实验测量的方法研究了巷道可视环境与非可视环境对超宽带无线信号的影响,同时确定了交错巷道环境下人员定位精度与锚节点密度、发射功率、测距误差以及节点故障率的变化关系,认为锚节点密度是影响定位精度最主要的因素。

随着计算机技术、信息技术以及通信技术在煤炭领域的渗透,无线传感器网络定位在煤矿安全监测尤其是人员定位领域获得了应用。Wang 等[68]提出了基于无线传感器网络的矿工实时定位与跟踪的原型系统,开发了具有矿用煤安认证的无线节点、基站等硬件系统,设计了人员定位的软件系统,并且在矿井巷道进行的实验表明定位系统具有较好的实用性和适应性；Liu 等[69]提出了一种适合于煤矿巷道盲区的人员定位方法，从系统结构、测距误差补偿、坐标变换以及定位算法等方面给出了完整的解决方案，在定位系统成本较低的情况下具有较高的定位精度；Zhang 等[70]利用 ARM7TDMI-S 和 ZigBee 无线发射装置进行了矿井人员定位系统的开发，能够快速可靠地获得矿工在井下的实时位置，保障了煤矿的安全生产。但是煤矿井下人员定位其定位精度普遍不高，因此需要进一步提高其定位精度。Hu 等[71]针对综采工作面推进导致现有定位算法效果不好的状况，提出了采用基于时间同步下无线信号到达时间和到达角度，来进行综采工作面移动目标定位，提高综采工作面移动目标的定位精度。

有学者研究了移动目标的同步定位与地图构建，Kar 等[72]研究了信息匹配下的数据关联问题，为多目标移动机器人位置姿态跟踪提供了新的方法；Suh 等[73]提出了一种用于车道检测的视觉自主移动机器人，采用新型多线索为基础的数据关联算法，增加了系统的鲁棒性；Frederic 等[74]针对水下被动声学传感器系统提出一种 Rao-Blackwell Monte Carlo 数据关联方法，对近距离条件下水听器的仰角和方位角进行估计，对水下移动目标定位具有很好的效果；曾文静等[75]针对同时定位与地图构建中数据关联的效果好坏易受特征状态影响的问题，在两种仿真场景的基础上布置了不同间隔的特征对，分别采用不同的关联算法进行特征关联的比较分析，来验证定位算法的性能；杜航原等[76]提出了一种基于模糊逻辑的同步定位与地图创建数据关联方法，通过模糊推理过程有效表达了数据关联中存在的不确定性和模糊性，降低了机器人位姿和环境特征状态的估计误差；郭利进等[77]对于在未知环境中数据关联未知情况下，采用一种基于单个粒子的最大似然数据关联和环境否定信息相结合的方法，提高了移动机器人在未知环境中自身定位和地图创建的精度。

面对巷道内移动目标，采用数据融合增强测距精度能够改善移动目标的定位精度，但是定位算法解算以及其他的因素使移动目标具有一定的定位误差。当需要对综采工作面采煤机进行定位时，单纯采用无线传感器网络对采煤机进行定位，不能有效地满足综采工作面液压支架跟机自动化、采煤机自适应调高等对定位稳定性以及精确性的要求。在移动目标精确定位领域，已有学者考虑采用惯性导航系统等辅助方法与无线传感器网络相协作，充分发挥惯性导航系统短时精确定位的优势，结合无线传感器网络分布式及无累积误差的特点,进一步提高移动目标定位精度,可以为采煤机精确定位提供一定的借鉴[78]。

1.3.3 SINS/WSN 协同移动目标位姿跟踪现状

捷联惯导系统(Strapdown Inertial Navigation System,SINS)是一种不依赖于外部信息、不向外部辐射能量的自主式定位方法。采用安装在移动目标上的三轴陀螺仪和三轴加速度计等惯性敏感元件,对移动目标的角速度和加速度进行实时测量,基于牛顿力学定理并结合移动目标的初始惯性信息,通过惯性参量进行解算得到移动目标姿态、位置等信息。因此,惯性导航系统在地面跟踪与航空定位等领域应用广泛,很多学者已经进行了深入的探讨与研究。

鲍海阁等[79]从采样电阻、运放、A/D 转换器及参考电压等方面设计了基于捷联惯导的加速度计采集电路,并对采集电路在噪声、温度以及时间等不同条件下进行测试,获得了很好的结果;刘涛等[80]进行了无陀螺捷联惯导系统的设计,研究了角速度计算与加速度计算误差之间的函数关系,并在飞行器上对加速度计进行了实际的布置优化;李旦等[81]推导了车载系统位置误差及更新方法,基于捷联惯导获得的测量数据分别建立卡尔曼滤波的状态方程和量测方程,并在小车实验上验证了导航系统的有效性。由于需要长时间的连续测量,经过一定时间后由于累积误差位置精度会下降,可以考虑采用其他传感器进行协同来补偿及校正加速度传感器的累积误差。杨波等[82]研究了长航时状态下采用星敏感器及北斗接收机进行捷联惯导的高精度导航定位,继而通过Sage-Husa 自适应滤波算法来对量测噪声不确定性的状态进行滤波,具有很好定位导航精度和较强的鲁棒性。

由于加速度测量噪声的存在,移动目标运行后其速度和位置解算均存在误差,利用移动目标停车时其加速度和速度输出为零作为观测量,当移动目标再启动运行时能够消除速度误差,同时减少由于对加速度测量误差二次积分所引起的位置累积误差,使得移动目标再启动时能够获得较为精确的位置结果,称为零速校正技术[83,84]。零速校正技术是通过调整移动目标的运动状态来减弱捷联惯导的累积误差,有学者通过研究移动目标运动学约束条件来提高捷联惯导的定位精度。付文强[85]在不考虑陆地车辆发生侧滑和跳跃的前提下,将 x 和 z 轴方向的速度等价为白噪声,采用光纤 SINS 进行了车载导航试验,可以适用于对陆地车辆长航时进行导航。Dissanayake[86]利用车辆在行驶过程中横向速度和法向速度为零作为约束条件,来对捷联惯导系统的导航方程进行建模,经试验验证可以提高导航系统的定位精度。

由于移动目标的定位信息是通过积分求解得到的,惯性导航下移动目标的短时定位精度和稳定性较好,但是存在传感器漂移和累积误差等不足,造成长时间后位置信息严重失信,其定位误差随时间而增大,如无外部校正将存在严重的累积误差[87]。在地面或者空中等开放环境下,学者们采用全球定位系统、北斗卫星导航系统等卫星系统与惯性导航系统进行组合,实现地面车船、空中飞行器等移动目标的动态定位[88-90]。肖志涛等[91]提出了一种采用模糊自适应卡尔曼滤波的 INS/GPS 导航算法,并在高噪声环境下进行了跑车试验;于永军等[92]在采用 SINS 与卫星组合定位时,考虑多传感器信息融合中非等间隔量测特性,设计了时间更新和量测更新分离的异步集中卡尔曼滤波算法,提高了组合定位系统的精度;Nassar[93]在采集 SINS 运动参数时,设计不同的 GPS 信号中断方式,分别采用线性、扩展和无迹卡尔曼进行导航推算,同时研究了当 GPS 信号阻塞时 SINS 误差模型,具有好的工业应用前景。而在室内、矿井等封闭环境下会造成卫星信号无法接收[94,95],无法采用惯性导航与卫星系统相组合的方式进行封闭环境下移动目标的定位。张小跃等[96]提出采用惯性导航与里程计相结合的定位系统,建立了捷联惯导/里程计导航系统误差模型,能够对初始姿态误差进行有效估计,同时抑制位置误差在一定的范围之内。基于无线通信技术 RFID、WIFI 及 Zigbee 等构建的无线传感器网络,通过部署在定位空间内的锚节点与移动节点之间的无线信号来进行求解,不存在累积误差,从而能够与惯性导航进行组合形成优势互补、劣势互堵,因此可以构建 SINS/WSN 组合下的移动目标协作定位系统。徐元等[97]将扩展卡尔曼滤波算法应用到 SINS/WSN 组合定位中,提出了一种基于扩展卡尔曼滤波的 SINS/WSN 无偏紧组合方法;李庆华等[98]提出了基于 H 无穷大滤波的惯性导航与无线传感器网络组合的分布式融合定位方法,能够根据一定的信息融合准则产生最佳的定位估计效果。

1.4   现有研究存在的问题

根据对现有国内外研究的综述,采用无线传感器网络对移动目标进行定位的领域不断扩展,但是对于矿井人员定位尤其是综采工作面采煤机定位,现有的研究工作还存在如下不足：

（1）针对煤矿广泛存在的窄长结构，无线节点部署在巷道或者综采工作面呈现链式网络拓扑结构，提高链式网络生存时间、通信负载、数据延时以及可靠性等需要进行深入的研究。

（2）基于核典型相关分析技术已经在其他工程领域中开展了大量的研究，但是基于数据关联的矿井人员无线定位还没有人提出，尤其是在定位解算中考虑链式网络拓扑结构与无线信号特征分布的关系，这方面的研究对于进一步提高无线定位精度具有重要意义。

（3）将无线节点部署在综采工作面采矿机群中，由于无线测距精度、锚节点基准坐标漂移、无线节点部署密度以及定位解算误差等很多因素影响采煤机定位精度，因此需要深入研究多源误差与采煤机定位误差间的变化规律。

（4）由于综采工作面环境复杂，单纯采用无线传感器网络对采煤机进行定位无法保证稳定的定位精度，同时无法得到采煤机的姿态，因此需要进行捷联惯导与无线传感器紧耦合研究。

（5）采煤机定位以及煤层赋存厚度变化削弱了采煤机自适应截割应用效果，传统采煤机记忆截割面对变化煤层需要频繁调整采煤机滚筒截割高度，考虑到采煤机记忆截割实用性，因此需要在采煤机定位基础上挖掘煤层赋存厚度轨迹数据特征。

1.5 研究内容及目标

1.5.1 研究内容

本书针对以往煤矿移动目标定位研究的一些不足，开展煤矿井下移动装备定位定姿理论及技术研究，主要工作如下。

1.5.1.1 链式传感网下节点覆盖路由控制研究

对于煤矿链式无线传感器网络定位，在分析常规链式无线节点部署基础上，研究能量有效下节点覆盖路由控制策略，以改善煤矿链式网络服务质量（Quality of Service，QoS）。其主要研究内容有：

（1）链式无线传感器网络节点能量损耗模型

对于常规的均匀分布和非均匀部署，在链式长度方向上会出现节点能耗不均衡及数据"热区"等,结合无线节点的能量消耗,通过能量均衡模型研究无线节点分布策略,确定煤矿巷道链式网络拓扑结构。

(2)链式网络节点覆盖路由策略及网络构建

融合无线节点非均匀部署和分簇部署的优点,研究适合于煤矿巷道链式结构的非均匀对称簇节点部署策略,设计了感知节点簇和传输节点簇覆盖路由协议,优化煤矿链式网络 QoS 性能。

1.5.1.2　不确定锚节点下数据相关分析定位移动目标研究

由于煤矿移动目标运行在窄长空间中,移动目标运行到相似位置接收到无线信号的幅值特征总是相似的,可以利用链式网络拓扑结构和无线信号之间的相关性来提高移动目标定位精度,主要内容有:

(1)建立移动目标位置空间和无线信号的映射

在移动目标运动过程中,移动节点接收到来自锚节点的无线信号集,建立移动目标位置空间和无线信号之间的映射关系,基于相似位置无线信号集具有较大的相关性,利用核典型相关性分析揭示非线性无线信号集之间的相关性。

(2)数据相关性下移动目标定位解算

获得能够表征移动目标位置的无线信号集,利用协方差交叉法对两组无线信号进行最优融合估计量,并考虑锚节点基准坐标的漂移,采用约束总体最小二乘实现基于数据相关的移动目标定位。

1.5.1.3　多源误差下采煤机无线三维定位精度 CRLB 研究

在采煤过程中液压支架的动作、刮板输送机的动作与采煤机的位置存在相互约束关系,同时采煤机自适应截割需要获得采煤机的机身位置,因此采用无线传感器网络对采煤机进行定位,探讨无线测距误差、锚节点密度和锚节点基准坐标漂移方向等多因素对采煤机定位精度的影响,其主要研究内容有:

(1)采煤机定位下采矿机群协同运动研究

对综采工作面采矿机群运动规律进行分析,通过制定液压支架联动规则,构建液压支架与采煤机联动模型,同时基于采煤机位置分析了液压支架跟机自动化动作时序。

(2)多源误差下采煤机无线定位精度研究

采用无线节点间信号集和距离解算模型,建立局域强信号集与定位空间域的对偶映射,以采矿机群在工作面运行约束确定锚节点在三维坐标上误差尺度,继而采用包含锚节点误差的拓展克拉美-罗下限估计,研究采煤机定位误差与锚节点不同布置方式和不同基准误差尺度间的变化规律。

1.5.1.4 SINS 与 CWSN 协同下采煤机稳健同步位姿跟踪研究

单纯采用链式无线传感器对采煤机定位,容易受到综采工作面复杂环境的影响,而且无法输出采煤机三维姿态,将捷联惯导引入到采煤机定位定姿中,研究 SINS 与 CWSN 间的紧耦合规律及误差相互校正方法,其主要研究内容有:

(1)采矿机群运动参量约束下 SINS/CWSN 位姿解算

研究采煤机在截割煤壁过程中运动参量间的约束,推导了 SINS 下采煤机姿态、速度及位置方程和误差方程,SINS 下采煤机位置存在累计误差,利用 CWSN 对采煤机位置进行更新。

(2)SINS/CWSN 时间匹配与协同校正

对于 SINS 和 CWSN 两种不同时间基准和解算频率的定位系统,研究 SINS 和 CWSN 间时间匹配以及由此引起的位置误差,在此基础上研究 SINS 和 CWSN 失效时采煤机位置补偿校正。

1.5.1.5 采煤机位姿下变化煤层 HMM 记忆截割策略

采煤机定位是实现示教-跟踪记忆截割策略的基础,而煤层厚度变化会削弱采煤机记忆截割的实用性,采用隐马尔科夫(Hidden Markov Model,HMM)模型来发掘相邻示教截割高度曲线之间相关性,其主要研究内容有:

(1)采煤机三轴姿态下滚筒截割高度建模

分析采煤机沿牵引方向和推进方向运动特性,基于 SINS 检测下采煤机三轴姿态参数对采煤机截割滚筒高度进行建模。

(2)采煤机三轴位置下 HMM 记忆截割策略

采煤机位置精度和煤层厚度变化影响采煤机自适应截割性能,基于 SINS/CWSN 协同下采煤机位置研究采煤机记忆截割策略,研究煤层厚度变化时 HMM 记忆截割下采煤机截割滚筒调整高度和频率。

1.5.2 研究目标

通过对以上几个方面的深入研究,本书希望能达到以下研究目标:

(1)对常规的均匀分布部署和非均匀部署进行分析,基于能量均衡模型提出适合于煤矿巷道链式结构的节点部署策略,设计感知节点簇和传输节点簇覆盖路由协议，优化煤矿链式网络 QoS 性能。

（2）基于链式网络拓扑结构与无线信号间的映射，利用核典型相关性分析揭示非线性无线信号集之间的相关性，并采用约束总体最小二乘来研究不确定锚节点下移动目标无线定位解算。

（3）发现多源误差下采煤机无线定位误差变化规律，研究采矿机群运动参量建模下 SINS/CWSN 位姿解算，同时研究 SINS/CWSN 间时间匹配及异步误差，对 SINS 及 CWSN 失效时采煤机位置进行补偿校正。

（4）采用采煤机三轴姿态构建采煤机滚筒截割高度模型，基于示教-跟踪截割原理利用相邻示教截割轨迹相似预测变化的煤层厚度，基于 SINS/CWSN 协同的采煤机三轴位置设计 HMM 记忆截割策略。

2 链式无线传感器网络下节点覆盖路由控制

2.1 引言

随着煤矿向自动化、数字化以及智能化方向发展,煤矿安全监测成为热点研究。当前,煤矿监测常采用单点巡检或者有线网络的方式,前者由于单点测量存在监测点单一、实时性差等缺点,后者由于煤矿存在渗水、冒落等事故,存在网络自适应差、可靠性低、安装维护复杂等缺点。无线传感器网络以节点之间多跳路由形式传输数据,形成自组织网络,通过分布在煤矿井下大量无线节点的协作完成参数感知及无线通信等要求,实现对煤矿井下的安全监测。当前,利用无线传感器网络已经实现了对煤矿井下瓦斯、风速和温度的监测,在煤矿人员定位方面也已开展了广泛的研究。当前,煤矿巷道的人员定位是调度优化、灾变救助的基础,而综采工作面设备参数感知是实现无人自动化监测的基础。由于煤矿巷道或者综采工作面的监测环境均为窄长区域[51],在煤矿井下窄长空间搭建无线传感器网络,称为煤矿链式无线传感器网络(Chaintype Wireless Sensor Networks,CWSN)。节点感知参数通过多跳的方式传到基站,容易引起较大的传输延时,同时节点传输数据在链长方向递增从而引起节点能耗不均衡[99]。因此,无线节点本身存在节点能量以及计算能力等资源受限问题,而且链式网络存在节点能耗不均衡、数据传输延时长以及抗毁性差等挑战。在资源受限与面对挑战的情况下,覆盖路由控制是优化链式网络资源分配、改善链式网络服务质量的主要研究内容。按照无线节点自身位置是否精确,无线网络的覆盖问题可以分为确定性覆盖和随机覆盖两大类[100]。由于链式监测场景为确定性环境,可以根据监测要求和拓扑结构对节点进行覆盖路由规划[101]。不少学者已经在链式无线传感器覆盖路由方面做了很好的工作,主要集中在基于节点分簇分布、节点均匀分布、节点非均匀分布及概率模型分布等。

Chen 和 Wang[102] 提出了节点链长方向均匀分布、基站中心布置策略,数据从两边向中心基站进行双向地汇聚。尽管基站中心布置相对于基站链尾布置明显减少了数据转发量,但是链式网络的能耗仍然不均匀,需要根据链路的数据转发量布置相应的冗余节点,沿链路两边向中心中继站冗余节点逐渐递增,才能使网络具有较长的生存时间。Jawhar 等[103] 建立了数据基本感知节点(Basic Sensor Nodes,BSN)、数据中继节点(Data Relay Nodes,DRN)以及数据传输节点(Data Discharge Nodes,DDN)的三级链式网络分层结构模型,但是由于基本感知节点内传输数据量呈现吊桥效应,而基本感知节点内为均匀布置,从而导致感知节点生存时间呈现逆吊桥效应,从而产生能量黑洞效应;而对于数据吊桥效应和能量黑洞效应,提出了一种变中继节点间距离和变中继节点能量的方法。

为了防止中继站附近无线节点转发大量数据能量耗尽导致链式网络瘫痪,Wang 等[104] 提出了一种链式网络长度方向上节点非均匀分布的方案,达到了网络能耗的整体均衡。但是,链式网络节点非均匀分布只适用于链式较短的网络,而链式网络变长后会在链式网络末端形成拥挤,从而无法达到理想的生存时间。Noori 和 Ardakani[105] 描述了一种链式网络对交通状况的监测,针对交通负荷无规律分布的特点,链式网内节点采用随机布置,获得节点数据传输量的特点,证实在基站附近的感知节点为网络性能的瓶颈,并为增强道路链式网络的性能给出了解决方案。但是,由于节点随机分布使网络的连通性具有不确定性,没有考虑到不同位置节点的能耗特征。Zimmerling 等[106] 研究了窄长结构下感知节点泊松分布覆盖,设计了链式网络下有效的局部能量感知路由,即最小能量路由(MERR)和自适应最小能量路由(AMERR),并且将感知路由协议推广到常规的二维场景中进行应用。Sun 等[107] 描述了一种基于分簇的链式网络拓扑结构,簇内普通节点的感知参数向簇首节点汇聚,通过簇首节点传递给链尾基站。但是同样链式网络路由传输方向的单向性,容易造成网络靠近基站的簇首节点数据转发能耗过大,从而在基站附近出现"热区"效应,并且这种效应会随链式网络长度的增长而加剧,而且由于链式网络场景为狭长区域,分簇布置容易造成簇内节点多重覆盖而簇间稀疏覆盖。

　　从以上文献可以看出,当前链式网络主要存在链路单向传输,在链式网内长度方向节点能耗不均匀,容易在链式网络末端形成"热区"等问题,而且随着煤矿井下链式网络长度增加,其网络抗毁性弱和传输延时长等问题进一步降低了煤矿链式网络的性能,因此有必要通过煤矿链式网络无线节点覆盖控制来优化网络结构。本章研究思路是基于节点能量损耗进行非均匀部署,在此基础上借鉴方形或者圆形网络中的分簇策略,考虑链式网络整体能耗均衡将窄长的链式网络进行分段部署,使得煤矿链式网络融合节点非均匀和分簇部署的优点,提高煤矿链式网络的性能。

2.2　煤矿链式感知下无线节点部署

2.2.1　煤矿链式感知场景

　　煤矿链式传感器网络场景基本为狭长带状结构,由于主要研究链式网络节点覆盖路由控制,因此弯曲的带状结构对本书同样适用。现为了方便地描述问题[108],令煤矿井下窄长结构为水平条形,由两条粗实线所围面积表示监测区域,对无线感知节点采用链式两侧异边部署,即将无线感知节点间隔部署在链式结构边界的两边或两边附近处,如图 2-1 所示。

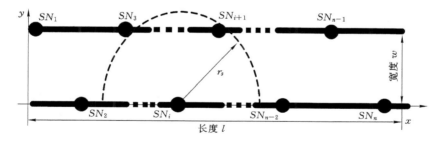

图 2-1　链式网络感知场景

（1）节点感知域

$$\mathrm{Perc}(SN_i) = \{p \in \Omega \mid d(p, SN_i) \leqslant R(SN_i), \vartheta(p) \mid \leqslant \pi\} \qquad (2\text{-}1)$$

式中,$d(p, SN_i) \leqslant R(SN_i)$ 表示点 p 被节点 SN_i 所覆盖;$\vartheta(p) \leqslant \pi$ 表示感知节点的通信方向为 π 角度,通常被描述成一个半感知圆盘。对于 $SN = \{SN_1,$

$SN_2,\cdots,SN_n\}$所有感知节点集合,为覆盖整个链式感知区域 $\overset{n}{\underset{i=1}{\cup}}\mathrm{Perc}(SN_i)$。

（2）节点连通域

根据相邻节点间的间距,自适应调整节点间的通信半径,使节点 SN_i 至多只能与其邻居节点进行连通,即满足

$$\mathrm{Perc}(SN_i) = \{d(SN_i) + d(SN_{i+1}) \leqslant r_s\} \tag{2-2}$$

（3）链路通信负载

在煤矿链式无线传感器网络中,无线节点不仅要负责将本地感知的参数传递给基站,而且负责将其邻居节点的感知参数传递给基站,因此其链路通信负载为 $\mathrm{load}(SN_i)$。

（4）网络抗毁能力

当所有节点均正常工作时,整个链式网络均能连通并进行通信,由于煤矿环境中无线节点容易受到硬件故障或者意外碰撞而失效,链式网络不能完全覆盖连通。因此,当链式网络中无线节点 SN_k 失效时,网络有效的覆盖连通区域为 $\overset{n}{\underset{i=k}{\cup}}\mathrm{Perc}(SN_i)$。同时,由于链式网络中所有感知节点数据需要通过链尾节点 SN_n 传输给基站,链尾节点 SN_n 处出现网络"热点"而过早失效,链式网络越长其链首和链尾两端所需要传输的数据量差异越大,其链尾节点 SN_n 失效会加速整个链式网络的瘫痪。

（5）网络数据延时

煤矿井下参数监测要求具有较好的实时性,而当无线节点传输数据到基站时,由于过程中经过较长距离或者网络繁忙,会有一定的通信延时。

对于这类场景的研究存在诸多挑战,其主要表现在:

① 监测空间封闭:不同于车辆、管道等室外链式结构场景,可以采用节点-卫星的通信模式,而矿井为一个封闭状态,卫星信号无法到达,只能通过节点内多跳的形式传输。

② 网络抗毁能力差:节点在环境粉尘、噪声、湿度等恶劣环境下工作,节点故障率高,网络局部发生故障容易造成整个链式网络的瘫痪。

③ 节点耗能不均衡:由于网络监测数据向基站节点汇聚,节点能耗沿链长向基站上递增,存在节点生存时间不一致。

④ 数据传输延时长:感知场景内的节点布置在两边,数据通过多跳形式从链首传到链尾,网络监测数据存在严重滞后。

由于传感器网络节点本身存在节点能量以及计算能力等资源受限、监测空间封闭、节点能耗不均衡、数据传输延时长以及抗毁性差等问题,链式网络中无线节点的覆盖路由控制,对于优化网络能耗均衡、延长网络生存时间以及提高网络服务质量(Quality of Service, QoS)具有重要意义。

2.2.2 链式场景下均匀与非均匀部署

常规的链式网络结构,其节点均匀布置(Uniform Deployment, UD)在链式网络两边,基站布置在链式场景端部,如图 2-2 所示。但是链式网络窄长的几何结构使链首无线节点无法直接与链尾的基站通信,感知参数通过多跳传递到链尾基站,使得靠近基站的无线节点需要转发大量的感知参数而在链尾形成"热区",从而使链尾的节点过早地耗尽自身能量而死亡,进一步导致链式网络的通信中断,从而由于单个节点失效使得链式网络失效。

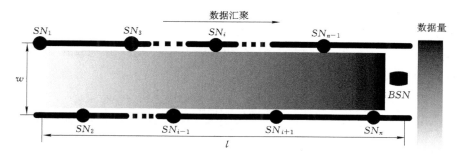

图 2-2 链式场景单基站下节点均匀分布

链式结构下无线节点的均匀部署策略,忽略了无线节点在链式长度方向上转发不同数据量时所消耗的能量不同,为了使无线节点能耗均衡而优化链式网络的生存时间,图 2-3 描述了一种链式网络节点非均匀部署的策略(Non-uniform Deployment, NUD)。

无线节点的能量消耗不仅与传输的数据量有关,同时也与两节点间的间距有关。因此,图 2-3 所示非均匀部署的基本思想是沿链式网络长度方向上逐渐提高无线节点的密度,使链首节点稀疏部署而链尾节点密集部署,从而达到整个链式网络的能量均衡。

链式网络节点非均匀部署能够使网络节点能耗均衡,但是仍然存在链式网络单向传输、节点获得数据向单基站汇聚等问题。链首节点感知的参数需

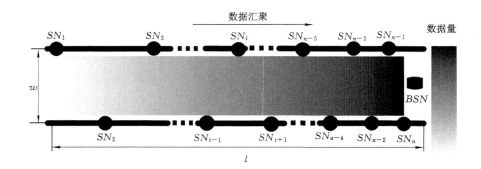

图 2-3　链式场景单基站下节点非均匀分布

要通过大量的节点多跳转发才能传输到基站,这容易引起网络延时。较长的链式网络结构易导致传输误码率增加,而煤矿井下参数的准确性关系到煤矿生产安全,这要求快速准确地获得被监测的参数。因此,为了缩短链式网络的传输路径,图 2-4 给出了双基站节点均匀部署(Uniform Deployment with Two Base Stations,UD-TBS)和非均匀部署(Non-Uniform Deployment with Two Base Stations,NUD-TBS)。

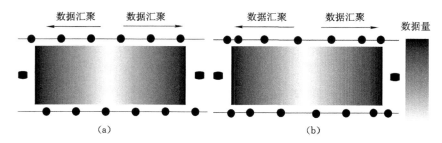

图 2-4　链式场景双基站下节点均匀及非均匀分布
(a) 双基站均匀部署;(b) 双基站非均匀部署

在常规的链式场景下监测参数,NUD-TBS 具有很好的覆盖性能,能够满足链式网络能量均衡的需求,但是链式网络性能会随着链式场景长度的增加而削弱。由于煤矿安全监测的重要性,因此需要设计一种更加有效的覆盖路由策略,解决链路负载分布、网络时间延时以及数据传输误码率等方面的问题,全面提高链式网络监测服务质量,保障煤矿安全生产。

2.2.3 煤矿链式非均匀对称簇模型

图 2-5 给出了一种在煤矿链式场景下适用的非均匀对称簇模型(Non-U-niform Symmetric Clusters Model, NUSCM),其基本思想是融合了节点非均匀分布、链首链尾双基站布置以及节点分簇等优势,能够改善煤矿井下链式结构下参数监测的性能。NUSCM 主要由感知节点簇(Sensor Nodes Clusters, SNC)、传输节点簇(Transmission Nodes Clusters, TNC)以及双基站(Two Base Station, TBS)构成,感知节点簇负责感知煤矿井下参数,由传输节点簇传输到基站。

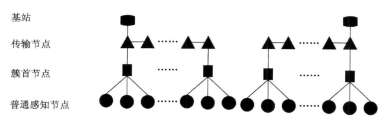

图 2-5　非均匀对称簇模型结构

图 2-6 给出了 NUSCM 下的数据流向。第一层感知节点将获得参数传输到簇首节点,感知节点和簇首节点形成一个感知节点簇;第二层传输汇集到感知节点簇的参数被传输到传输节点簇,继而由传输节点簇通过单跳路由传输给邻居传输节点,多个传输节点形成传输节点簇;第三层通过传输节点簇得到的参数通过双向汇集到双基站。

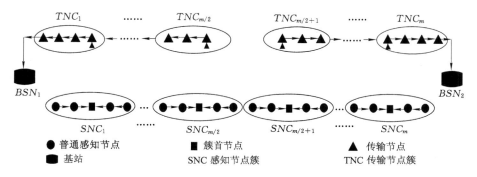

图 2-6　非均匀对称簇部署模型下数据流

因此，NUSCM 的感知模型为：

$$NUSCM = < BSNs, SNCs, TNCs > \quad (2-3)$$

式中：$BSNs = \{BSN_1, BSN_2\}$ 是部署在链式场景下链首链尾的双基站；$SNCs = \{SNC_1, SNC_2, \cdots, SNC_i, \cdots, SNC_m\}$ 是 NUSCM 感知节点簇，$i = \{1, 2, 3, \cdots, m\}$；每个感知节点簇内感知节点为 $SNC_i = \{SNC_i^1, SNC_i^2, \cdots, SNC_i^j, \cdots, SNC_i^{ns_i}\}$，$j = \{1, 2, 3, \cdots, ns_i\}$；$TNCs = \{TNC_1, TNC_2, \cdots, TNC_i, \cdots, TNC_m\}$ 是 NUSCM 传输节点簇，$i = \{1, 2, 3, \cdots, m\}$；传输节点簇内传输节点为 $TNC_i = \{TNC_i^1, TNC_i^2, \cdots TNC_i^j \cdots, TNC_i^{nt_i}\}$，$j = \{1, 2, 3, \cdots, nt_i\}$。

本章使用的网络模型基于如下假设：

① 链式网络由基站、感知节点和传输节点组成，每个节点有自己唯一的标识，且所有节点在部署之后不再移动。

② 无线节点由电池供电而能量受限，可以通过节点间距离来调整发射功率，但是基站由外部电源线供电。

③ 链式网络在一定周期内将感知获得的数据包转发到基站。

④ 不考虑链路冲突的问题，所有节点都以某一速率以对应半径向前传输数据。

显然为了适应煤矿井下链式场景的长度，NUSCM 可以扩展更多的感知节点簇 $SNCs$ 和传输节点簇 $TNCs$。为了使链式网络能量均衡及生存时间最大化，需要对 NUSCM 路由覆盖进行研究。

2.3　无线节点能量有效下覆盖路由控制

2.3.1　无线节点能量模型

无线节点传输数据需要消耗能量，主要表现在节点发送数据消耗的能量和节点接收数据消耗的能量，其能量消耗模型为[109]：

$$\begin{aligned}
e_c(SN_i) &= e_{trs}(k_{trs}) + e_{trs}(k_{trs}, d) + e_{rcv}(k_{rcv}) \\
&= b_u k_{trs} e_{elec} + b_u k_{trs} d^\mu \varepsilon_{amp} + b_u k_{rcv} e_{elec}
\end{aligned} \quad (2-4)$$

式中　$e_c(SN_i)$——无线节点所消耗的能量；

　　　k_{trs}——无线节点发送的数据量；

　　　k_{rcv}——无线节点接收的数据量；

b_u——单位时间内每个节点采集数据包大小；

e_{elec}——发射和接收数据时电路消耗的能量；

ε_{amp}——节点发射数据时放大器消耗的能量；

d——无线节点间的通信距离；

μ——异质环境传输下的路径损耗。

因此，无线节点的生存时间为

$$T(SN_i) = \frac{e_{ini} - e_{min}}{e_c(SN_i)} = \frac{e_{ini} - e_{min}}{b_u k_{trs} e_{elec} + b_u k_{trs} d^\mu \varepsilon_{amp} + b_u k_{rcv} e_{elec}} \quad (2-5)$$

式中　$T(SN_i)$——节点的生存时间；

e_{ini}——每个节点所携带的初始能量；

e_{min}——节点无法工作的最小能量。

由于无线节点能量限制以及传输数据量不同，无线节点间能量消耗不均衡。对于煤矿链式网络，一个无线节点能量耗尽使得其无法接收并转发邻居节点的数据，造成链式网络无法连通。因此，为了使 CWSN 网络生存时间最大化，最佳的方案是链式网络中每个节点具有相同的生存时间，即需要满足以下四个约束条件：

$$T(SNC_i) = T(SN_i^1) = T(SN_i^2) = \cdots = T(SN_i^j) = \cdots = T(SN_i^{ns_i})$$
$$(2-6a)$$

$$T(SNC_1) = T(SNC_2) = \cdots = T(SNC_i) = \cdots = T(SNC_m) \quad (2-6b)$$

$$T(TNC_1) = T(TNC_2) = \cdots = T(TNC_i) = \cdots = T(TNC_m) \quad (2-6c)$$

$$T(TNC_i) = T(TN_i^1) = T(TN_i^2) = \cdots = T(TN_i^j) = \cdots = T(TN_i^{nt_i})$$
$$(2-6d)$$

式中　m——感知节点簇和传输节点簇的数目；

i——每个感知节点簇 SNC 和传输节点簇 TNC；

ns_i——每个感知节点簇 SNC_i 中感知节点的数目；

nt_i——每个传输节点簇 TNC_i 中传输节点的数目；

$T(SN_i^j)$——每个感知节点的生存时间；

$T(TNC_i)$——每个传输节点簇的生存时间。

式(2-6a)和式(2-6b)表明感知节点簇中的所有节点同时耗尽能量，而式(2-6c)和式(2-6d)表明所有传输节点簇耗尽能量，为了使 NUSCM 网络服务性能最佳，需要详细地规划路由路径并从理论上推导节点间距。

2.3.2 感知节点簇覆盖路由控制

为了减轻在链式网络中由于传输数据量不同而引起的能量消耗不均衡，研究了一种针对感知节点簇内节点的路由路径，如图 2-7 所示。为了减少数据拥塞及泛洪效应，本章假设感知节点只能通过单跳路由与其邻居节点进行通信，不同位置的感知节点接收并转发数据量不同。

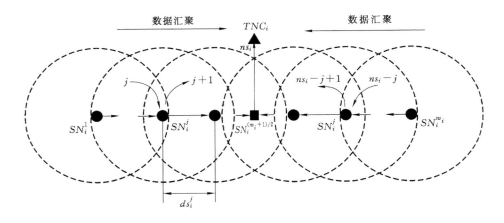

图 2-7　感知节点簇内节点路由路径

当感知参数从感知节点 SN_i^1 传输到簇首节点 $SN_i^{(ns_i+1)/2}$ 时，每个感知节点 SN_i^j 从其邻居节点 SN_i^{j-1} 接收到 $(j-1)b_u$ bits 数据，同时感知节点 SN_i^j 需要转发 jb_u bits 数据到其邻居节点 SN_i^{j+1}。

由式(2-5)可以得到感知节点 SN_i^j 的生存时间为

$$T(SN_i^j) = \frac{e_{ini} - e_{min}}{j[b_u e_{elec} + b_u (ds_i^j)^\mu \varepsilon_{amp}] + (j-1)b_u e_{elec}},$$
$$j < \frac{(ns_i+1)}{2} \tag{2-7}$$

式中　ds_i^j——感知节点间的距离。

同时，感知节点 SN_i^{j+1} 的生存时间为

$$T(SN_i^{j+1}) = \frac{e_{ini} - e_{min}}{(j+1)[b_u e_{elec} + b_u (ds_i^{j+1})^\mu \varepsilon_{amp}] + jb_u e_{elec}} \tag{2-8}$$

从式(2-6a)，可以得到 $T(SN_i^j) = T(SN_i^{j+1})$，即展开表达式为

$$\frac{e_{\text{ini}} - e_{\text{min}}}{j[b_u e_{\text{elec}} + b_u (ds_i^j)^\mu \varepsilon_{\text{amp}}] + (j-1)b_u e_{\text{elec}}} = \frac{e_{\text{ini}} - e_{\text{min}}}{(j+1)[b_u e_{\text{elec}} + b_u (ds_i^{j+1})^\mu \varepsilon_{\text{amp}}] + j b_u e_{\text{elec}}}$$

$$(2\text{-}9)$$

式(2-9)可以简化为

$$j (ds_i^j)^\mu - (j+1)(ds_i^{j+1})^\mu = 2\xi$$

$$(2\text{-}10)$$

式中　ξ——e_{elec} 与 ε_{amp} 之比。

感知节点簇首节点 $SN_i^{(ns_i+1)/2}$ 接收来自其邻居节点 $SN_i^{(ns_i-1)/2}$ 和 $SN_i^{(ns_i+3)/2}$ 的数据量为 $(ns_i-1)b_u$,同时需要转发 $ns_i b_u$ bits 给传输节点。因此簇首节点的生存时间为

$$T(SN_i^{(ns_i+1)/2}) = \frac{e_{\text{ini}} - e_{\text{min}}}{ns_i(b_u e_{\text{elec}} + b_u (ds_i^j)^\mu \varepsilon_{\text{amp}}) + (ns_i - 1)b_u e_{\text{elec}}},$$

$$j = \frac{(ns_i + 1)}{2}$$

$$(2\text{-}11)$$

当感知参数经由节点 $SN_i^{ns_i}$ 传输到簇首节点 $SN_i^{(ns_i+1)/2}$ 时,可以得到剩余节点间距的关系

$$(ns_i - j + 1)(ds_i^j)^\mu - (ns_i - j)(ds_i^{j+1})^\mu = -2\xi, j > \frac{(ns_i + 1)}{2}$$

$$(2\text{-}12)$$

由式(2-7)、式(2-11)和式(2-12)可以得到感知节点簇内节点生存时间为

$$T(SN_i^j) = \begin{cases} \dfrac{e_{\text{ini}} - e_{\text{min}}}{j(b_u e_{\text{elec}} + b_u (ds_i^j)^\mu \varepsilon_{\text{amp}}) + (j-1)b_u e_{\text{elec}}}, & j < \dfrac{(ns_i + 1)}{2} \\[3mm] \dfrac{e_{\text{ini}} - e_{\text{min}}}{ns_i(b_u e_{\text{elec}} + b_u (ds_i^j)^\mu \varepsilon_{\text{amp}}) + (ns_i - 1)b_u e_{\text{elec}}}, & j = \dfrac{(ns_i + 1)}{2} \\[3mm] \dfrac{e_{\text{ini}} - e_{\text{min}}}{(ns_i - j + 1)(b_u e_{\text{elec}} + b_u (ds_i^j)^\mu \varepsilon_{\text{amp}}) + (ns_i - j)b_u e_{\text{elec}}}, & j > \dfrac{(ns_i + 1)}{2} \end{cases}$$

$$(2\text{-}13)$$

利用式(2-10)、式(2-11)和式(2-12),并将其代入式(2-6a),感知节点簇 SNC_i 内节点间距可以表示为

$$\begin{bmatrix} A_{11} & A_{12} \\ A_{21} & A_{22} \end{bmatrix} ds = B_{\text{sen}}$$

$$(2\text{-}14)$$

式中:

$$A_{11} = \begin{bmatrix} 1 & -2 & 0 & \cdots & 0 & 0 & \cdots & 0 & 0 & 0 \\ 0 & 2 & -3 & \cdots & 0 & 0 & \cdots & 0 & 0 & 0 \\ \vdots & \vdots & \vdots & & \vdots & \vdots & & \vdots & \vdots & \vdots \\ 0 & 0 & 0 & \cdots & j & -j-1 & \cdots & 0 & 0 & 0 \\ \vdots & \vdots & \vdots & & \vdots & \vdots & & \vdots & \vdots & \vdots \\ 0 & 0 & 0 & \cdots & 0 & 0 & \cdots & 0 & (ns_i-1)/2 & -ns_i \\ 0 & 0 & 0 & \cdots & 0 & 0 & \cdots & 0 & 0 & ns_i \end{bmatrix}$$

$$A_{12} = 0_{((ns_i-1)/2)\times((ns_i-1)/2)}, \quad A_{21} = 0_{((ns_i-3)/2)\times((ns_i+1)/2)}$$

$$A_{22} = \begin{bmatrix} -(ns_i-1)/2 & 0 & \cdots & 0 & 0 & \cdots & 0 & 0 & 0 \\ (ns_i-1)/2 & -(ns_i-3)/2 & \cdots & 0 & 0 & \cdots & 0 & 0 & 0 \\ \vdots & \vdots & & \vdots & \vdots & & \vdots & \vdots & \vdots \\ 0 & 0 & \cdots & ns_i-j+1 & -ns_i+j & \cdots & 0 & 0 & 0 \\ \vdots & \vdots & & \vdots & \vdots & & \vdots & \vdots & \vdots \\ 0 & 0 & \cdots & 0 & 0 & \cdots & 3 & -2 & 0 \\ 0 & 0 & \cdots & 0 & 0 & \cdots & 0 & 2 & -1 \end{bmatrix}$$

$$ds = \left[(ds_i^1)^\mu, (ds_i^2)^\mu, \cdots, (ds_i^{(ns_i+1)/2})^\mu, \cdots, (ds_i^{ns_i-1})^\mu, (ds_i^{ns_i})^\mu \right]^{\mathrm{T}}$$

$$B_{\mathrm{sen}} = 2\xi [1,1,\cdots,1,ns_i,-ns_i,-1,\cdots,-1,-1]^{\mathrm{T}}$$

2.3.3 传输节点簇覆盖路由控制

通过上节的推导与计算可以求得感知节点簇内节点间距,而每个传输节点簇传输数据量相同,因此需要对传输节点簇节点进行路由规划与间距计算,使得传输节点簇能量均衡,从而才能使煤矿链式网络生存时间最佳。图 2-8 给出了传输节点簇的路由规划。

链式网络左半部分传输节点簇将感知参数传递到链首基站 BSN_1,而右半部分传输节点簇将感知参数传递到链尾基站 BSN_2,传输节点簇路由路径可以表示为

$$\begin{cases} BSN_1 \leftarrow TNC_1 \leftarrow TNC_2 \cdots \leftarrow TNC_{m/2-1} \leftarrow TNC_{m/2}, & i \leqslant m/2 \\ BSN_2 \leftarrow TNC_m \leftarrow TNC_{m-1} \cdots \leftarrow TNC_{m/2+2} \leftarrow TNC_{m/2+1}, & i \geqslant m/2+1 \end{cases}$$

$$(2\text{-}15)$$

基于传输节点簇的路由路径,每个传输节点簇要传输感知节点簇首节点的感知参数,数据量由 $TNC_{m/2}$ 到 TNC_1 逐渐增加,同样由 $TNC_{m/2+1}$ 到 TNC_m

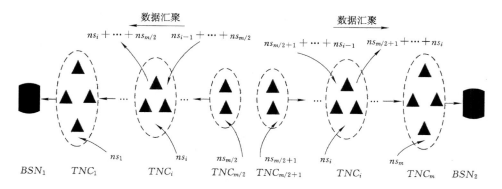

图 2-8 传输节点簇路由路径

也逐渐增加,靠近基站的传输节点簇需要传输最多的数据量。因此当感知参数由 $TNC_{m/2}$ 传输到 TNC_1 时,传输节点簇 $TNC_i(i<m/2)$ 从邻居传输节点簇 TNC_{i+1} 接收到 $(ns_{i+1}+ns_{i+2}+\cdots+ns_m)b_u$ bits 的数据量,同时向传输节点簇 TNC_{i-1} 发送 $(ns_i+ns_{i+1}+\cdots+ns_m)b_u$ bits 的数据量。

由式(2-5),可得传输节点簇 TNC_i 的生存时间

$$T(TNC_i)=\frac{e_{ini}-e_{min}}{(ns_i+ns_{i+1}+\cdots+ns_{m/2})(b_u e_{elec}+b_u (dt_i)^\mu \varepsilon_{amp})+(ns_{i+1}+ns_{i+2}+\cdots+ns_{m/2})b_u e_{elec}},$$
$$i<\frac{m}{2} \tag{2-16}$$

式中 dt_i——传输节点簇内节点间距。

同时传输节点簇 TNC_{i+1} 的生存时间为

$$T(TNC_{i+1})=\frac{e_{ini}-e_{min}}{(ns_{i+1}+\cdots+ns_{m/2})(b_u e_{elec}+b_u (dt_{i+1})^\mu \varepsilon_{amp})+(ns_{i+2}+\cdots+ns_{m/2})b_u e_{elec}},$$
$$i<\frac{m}{2} \tag{2-17}$$

通过推导可以得到所有的传输节点簇网络生存时间,基于式(2-6c)可以得到

$$-(ns_i+ns_{i+1}+\cdots+ns_{m/2})(dt_i)^\mu+(ns_{i+1}+\cdots+ns_{m/2})(dt_{i+1})^\mu=(ns_{i+1}+ns_i)\xi \tag{2-18}$$

传输节点簇 $TNC_{m/2}$ 只向邻居节点 $TNC_{m/2-1}$ 发送 $ns_{m/2}b_u$ bits 的数据量,而不接收数据量,因此传输节点簇 $TNC_{m/2}$ 的生存时间为

$$T(TNC_{m/2}) = \frac{e_{\mathrm{ini}} - e_{\mathrm{min}}}{ns_{m/2}(b_{\mathrm{u}}e_{\mathrm{elec}} + b_{\mathrm{u}}(dt_{m/2})^{\mu}\varepsilon_{\mathrm{amp}})}, i = \frac{m}{2} \qquad (2\text{-}19)$$

传输节点簇 $TNC_{m/2+1}$ 只向其邻居簇节点传输数据,而不接收来自邻居节点簇的数据,而当数据由 $TNC_{m/2+1}$ 传输到 TNC_m 时,传输节点簇 $TNC_i (i > m/2+1)$ 从邻居传输节点簇 TNC_{i-1} 接收到 $(ns_{m/2+1} + ns_{m/2+2} + \cdots + ns_{i-1})b_{\mathrm{u}}$ bits 的数据量,而向其邻居传输节点簇 TNC_{i+1} 发送 $(ns_{m/2+1} + ns_{m/2+2} + \cdots + ns_i)b_{\mathrm{u}}$ bits 的数据量,可以得到剩余传输节点簇节点间距关系为

$$(ns_{m/2+1} + ns_{m/2+2} + \cdots + ns_i)(dt_i)^{\mu} - (ns_{m/2+1} + ns_{m/2+2} + \cdots + ns_{i+1})(dt_{i+1})^{\mu} =$$
$$(ns_i + ns_{i+1})\xi, i > \frac{m}{2} + 1 \qquad (2\text{-}20)$$

由式(2-16)、式(2-19)和式(2-20)可以得到传输节点簇内节点生存时间为

$$T(TNC_i) = \frac{e_{\mathrm{ini}} - e_{\mathrm{min}}}{\mathrm{load}(TNC_i)(b_{\mathrm{u}}e_{\mathrm{elec}} + b_{\mathrm{u}}(dt_i)^{\mu}\varepsilon_{\mathrm{amp}}) + \mathrm{load}(TNC_{i+1})b_{\mathrm{u}}e_{\mathrm{elec}}}$$
$$\begin{cases} \mathrm{load}(TNC_i) = ns_i + \mathrm{load}(TNC_{i+1}), i = [1, m/2) \\ \mathrm{load}(TNC_{m/2}) = ns_{m/2}, \mathrm{load}(TNC_{m/2+1}) = ns_{m/2+1} \\ \mathrm{load}(TNC_i) = ns_i + \mathrm{load}(TNC_{i-1}), i = (m/2+1, m] \end{cases} \qquad (2\text{-}21)$$

利用式(2-18)、式(2-19)和式(2-20),并将其代入式(2-6c),传输节点簇间距可以表示为

$$\begin{bmatrix} C_{11} & C_{12} \\ C_{21} & C_{22} \end{bmatrix} dt = D_{\mathrm{sen}} \qquad (2\text{-}22)$$

式中:

$$C_{11} = \begin{bmatrix} -\sum\limits_{i=1}^{m/2} ns_i & \sum\limits_{i=2}^{m/2} ns_i & 0 & \cdots & 0 & 0 & 0 \\ 0 & -\sum\limits_{i=2}^{m/2} ns_i & \sum\limits_{i=3}^{m/2} ns_i & \cdots & 0 & 0 & 0 \\ \vdots & \vdots & \vdots & & \vdots & \vdots & \vdots \\ 0 & 0 & 0 & \cdots & -\sum\limits_{i=m/2-2}^{m/2} ns_i & \sum\limits_{i=m/2-1}^{m/2} ns_i & 0 \\ 0 & 0 & 0 & \cdots & 0 & -\sum\limits_{i=m/2-1}^{m/2} ns_i & ns_{m/2} \end{bmatrix}$$

$$C_{12} = 0_{(m/2-1)\times(m/2)}, \quad C_{21} = 0_{(m/2-1)\times(m/2)}$$

$$C_{22} = \begin{bmatrix} ns_{m/2+1} - \sum\limits_{i=m/2+1}^{m/2+2} ns_i & 0 & \cdots & 0 & 0 & 0 \\ 0 & \sum\limits_{i=m/2+1}^{m/2+2} ns_i & -\sum\limits_{i=m/2+1}^{m/2+3} ns_i & \cdots & 0 & 0 & 0 \\ \vdots & \vdots & \vdots & & \vdots & \vdots & \vdots \\ 0 & 0 & 0 & \cdots & \sum\limits_{i=m/2+1}^{m-2} ns_i & -\sum\limits_{i=m/2+1}^{m-1} ns_i & 0 \\ 0 & 0 & 0 & \cdots & & \sum\limits_{i=m/2+1}^{m-1} ns_i & -\sum\limits_{i=m/2+1}^{m} ns_i \end{bmatrix}$$

$$dt = \left[(dt_1)^\mu, (dt_2)^\mu, \cdots, (dt_{m/2})^\mu, (dt_{m/2+1})^\mu, \cdots, (dt_{m-1})^\mu, (dt_m)^\mu\right]^T$$

$$D_{sen} = \xi[ns_1 + ns_2, ns_2 + ns_3, \cdots, ns_{m/2-1} + ns_{m/2}, ns_{m/2+1} +$$
$$ns_{m/2+2}, \cdots, ns_{m-2} + ns_{m-1}, ns_{m-1} + ns_m]^T$$

2.3.4　NUSCM 覆盖路由控制

　　基于以上对感知节点簇和传输节点簇内节点的覆盖路由控制,可以得到适用于煤矿链式场景的 NUSCM,如图 2-9 所示。

步骤 1 设置链式场景参数,如链式长度 l,链式宽度 w 等;

步骤 2 在链首和链尾分别布置基站 BSN_1 和 BSN_2;

步骤 3 感知节点簇覆盖路由控制;

　3.1 根据链式长度计算感知节点簇的数目 m;

　3.2 设计感知节点簇内节点路由路径;

　3.3 获得每个感知节点簇内节点数目 ns_i;

　3.4 基于能量均衡求得每个感知节点簇内节点间距;

步骤 4 传输节点簇覆盖路由控制;

　4.1 根据链式长度计算传输节点簇的数目 m;

　4.2 设计传输节点簇内节点路由路径;

　4.3 获得每个传输节点簇内节点数目 nt_i;

　4.4 基于能量均衡求得每个传输节点簇内节点间距;

步骤 5 完成煤矿井下链式场景无线节点覆盖路由部署。

图 2-9　NUSCM 覆盖路由控制图

2.4　链式网络下 NUSCM 性能仿真研究

对煤矿链式场景,本章主要研究非均匀对称簇模型,验证窄长结构下无线传感器网络服务质量的性能。令链式结构长 l 为 1 000 m,宽 w 为 2 m;采用 Zigbee 节点,通信频率为 2.4 GHz;采用两节 1.5 V 的干电池,节点初始能量为 15.12 MJ,为缩短实验时间节点初始能量取为 100 J,无线节点失效时最小能量为 5 J,数据包大小为 64 bit,接收或者发送每比特数据电路所消耗的能量为 50 nJ,单位距离内发送每比特数据放大器所消耗的能量为 10 pJ,在煤矿多径环境下传输路径损耗常数为 4,传输给邻居节点的平均延时为 20 ms,其余实验参数采用默认值。

2.4.1　链式无线网络服务质量

定义 2-1　网络生存时间

以链式网络开始工作到第一个节点耗尽能量所经过时间称为网络生存时间。

定义 2-2　链路通信负载

由链式网络下无线节点传输的数据量称为链路通信负载。

定义 2-3　网络抗毁能力

链式场景下部分无线失效对网络连通性能的影响程度称为网络抗毁能力。

定义 2-4　网络数据延时

感知参数由感知节点传输到基站所需要的时间称为网络数据延时[110]。

2.4.2　链式网络多参数下结构优化

通过求解式(2-14)和式(2-22),可以得到基于节点能量均衡消耗下的感知节点簇和传输节点簇内节点间距。但是对于窄长链式结构来说,如何选择每个感知节点簇和传输节点簇内节点的数目同样影响着网络性能,因此探讨三种不同拓扑结构下网络服务质量,如表 2-1 所示。

表 2-1 不同拓扑结构链式网络参数

	ns_1	ns_2	ns_3	ns_4	nt_1	nt_2	nt_3	nt_4
结构$_1$	7	15	15	7	6	16	16	6
结构$_2$	11	11	11	11	9	15	15	9
结构$_3$	15	7	7	15	12	16	16	12

基于节点能量均衡原理,以上三种不同链式网络拓扑结构需要的无线节点数量分别为 88,92 和 100 个,其中感知节点簇内节点数目均为 44 个,而传输节点簇内节点数目分别为 44,48 和 56 个。

(1)链路通信负载

图 2-10 所示为三种不同网络拓扑结构下,链路平均通信负载分别为 0.67 kbit,0.62 kbit 和 0.60 kbit。随着锚节点数量增加而链路平均通信负载减少,对于一定的数据量布置更多的无线节点能够均衡负载量。感知节点簇内节点负载呈现"多吊桥"效应,靠近感知节点簇首节点的数据量逐渐增加;而传输节点簇节点负载呈现"阶梯"效应,靠近链首链尾基站的传输节点簇需要传输更多的数据量。

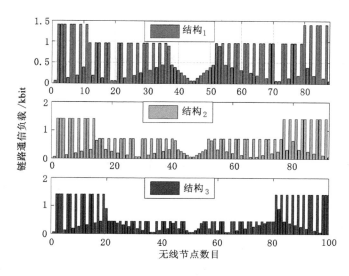

图 2-10 不同结构下链路通信负载

（2）网络数据延时

图 2-11 描述了在链式长度方向上的感知节点传输数据延时时间，三种链式网络结构下其平均数据延时分别为 0.41 s，0.38 s 和 0.42 s。基站附近感知节点的数据延时随着感知节点簇的增大而减少，而远离基站的感知节点簇的数据延时则在结构₁和结构₂时表现较好。这表明基站附近感知节点簇越小，其对应传输节点簇越小，从而仅需要更少的跳数到达基站，从而缩短了传输数据的网络延时；而由于 NUSCM 传输节点的路由机制，远离基站的感知节点需要通过其对应传输节点簇前面的传输节点才能到达基站，因此远离基站的感知节点簇越小并不能保证其数据传输延时越短。因此，调整 NUSCM 可以满足需要不同网络性能的煤矿链式传感器网络。

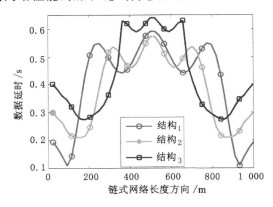

图 2-11　不同结构下网络数据延时

2.4.3　NUSCM 下网络 QoS 研究

本章研究 CWSN 下的节点覆盖路由，部署方案为结构₂＝{ns_1＝11，ns_2＝11，ns_3＝11，ns_4＝11；nt_1＝9，nt_2＝15，nt_3＝15，nt_4＝9}。通过与双基站均匀部署（UD-TBS）和双基站非均匀部署（NUD-TBS）的性能比较，验证 NUSCM 的网络服务质量。

（1）网络生存时间

从图 2-12 可以看出，NUSCM 的网络生存时间与 NUD-TBS 的网络生存时间一致，但是优于 UD-TBS 的网络生存时间。NUSCM 与 NUD-TBS 节点间间距均是基于数据传输量获得的，到网络瘫痪大多数节点已经能量耗尽；而

UD-TBS 只是对节点进行均匀分布,并没有考虑到离基站越近的节点转发数据量越大的特性,网络中基站的邻居感知节点由于需要转发的数据量最大,因此基站邻居节点死亡会导致整个链式网络失效。

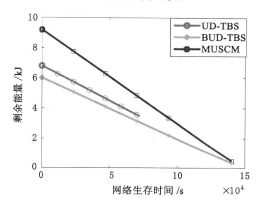

图 2-12   拓扑结构₂下网络生存时间

(2) 链路通信负载

从图 2-13 可以看出,UD-TBS 与 NUD-TBS 的链路负载随着靠近基站而加大,而 NUSCM 的链路负载则是维持在一个较稳定范围内。UD-TBS,NUD-TBS 以及 NUSCM 中每个节点的平均数据转发量分别为 1.12 kbit,0.99 kbit 和0.62 kbit。UD-TBS 与 NUD-TBS 的节点部署策略为链式上的双

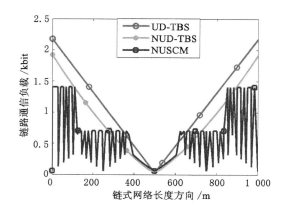

图 2-13   拓扑结构₂下链路通信负载

基站布置,链路上某点的感知节点不仅要转发其自身的感知数据,而且要转发该点前方所有节点的数据,容易在链路末端形成"热区"效应。而 NUSCM 采用非均匀对称簇模型,将网络通信任务均匀分布,能够使网络中所有节点的数据均能以较少的跳数转发到基站。

（3）网络抗毁能力

在煤矿井下链式无线传感器网络中,由于节点失效引起网络瘫痪将会给煤矿安全监测带来巨大的安全隐患,因此增强链式网络的抗毁能力是关键。图 2-14 表明在 UD-TBS,NUD-TBS 以及 NUSCM 三种网络拓扑结构下,网络抗毁能力分别为 71％,75％ 和 81％。UD-TBS,NUD-TBS 以及 NUSCM 均为链首链尾双基站部署,链式网络长度方向节点的失效会造成网络的中断,因此越靠近链式网络两端其抗毁性越弱。NUSCM 感知传输的路由路径,部分失效只会造成网络中部分感知节点簇或者传输节点簇的失效,不会造成整个网络的瘫痪,提高了网络的抗毁能力。

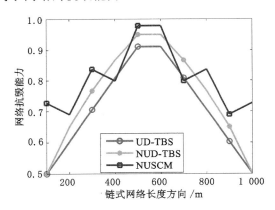

图 2-14　拓扑结构$_2$下网络抗毁能力

（4）网络数据延时

从图 2-15 可以看出,UD-TBS 与 NUD-TBS 的平均数据延时为 0.35 s 和 0.31 s。当感知节点离基站越远其数据延时越长,UD-TBS 与 NUD-TBS 的感知参数是通过邻居节点间的单跳路由传递到两端的基站,显然离基站越远的节点需要更多的节点转发才能转发到基站,而每跳数据的传输具有一定延时,参与转发的节点数越多该节点传输到基站网络延时越长。而 NUSCM 的数据延时则在一个较小的范围内变化。其平均数据延时为 0.38 s，由于 NUSCM 每个感知节点簇内节点的感知数据通过其对应的传输节点簇传输，其网络数据延时较 UD-TBS 与 NUD-TBS 分别增加了 0.03 s 和 0.07 s，与 NUSCM 的网络生存时间、链路通信负载以及网络抗毁能力进行权衡，NUSCM 的数据延时是可以接受的。

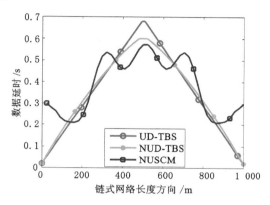

图 2-15   拓扑结构$_2$下数据延时

2.5   本 章 小 结

本章在煤矿巷道和综采工作面窄长空间下，分析了链式结构节点均匀和非均匀分布下无线传感器网络存在的网络节点能耗不均衡、抗毁能力弱以及数据延时长，尤其是靠近基站的无线节点需要转发大量监测参数而在链尾形成"热区"等问题，提出了一种新型的非均匀对称簇分布覆盖路由模型。基于无线节点在发送和接收数据时的能量损耗，形成了煤矿链式网络感知节点簇、传输节点簇以及双基站的网络体系结构，在簇内基于能量损耗模型进行了节点非均匀分布，并设计无线节点路由协议，融合了节点非均匀分布、双基站布置以及节点分簇等优势，提高了链式网络生存时间，均衡了链路通信负载以及增强了链式网络抗毁能力，能够满足煤矿链式结构下无线传感器网络对参数的监测要求。

3　不确定锚节点下数据相关分析定位移动目标

3.1　引　言

　　对采掘装备、运载车辆以及人员等移动目标的定位是煤矿自动化建设的重要内容。有学者开发了煤矿移动目标定位系统,陈光柱等[108]以煤矿井下巷道内人员定位为研究对象,采用 RSSI 信号研究了移动节点相邻步距间协作的二元协同感知策略,研究了巷道人员被感知率随锚节点间距、巷道垂直距离以及可信度的变化规律,提高了人员定位的感知概率;由于煤矿井下巷道内存在明显的多径效应,乔钢柱等[111]提出了一种信标节点链式部署结构下的动态测距方法,通过计算实际环境中路径衰落指数提高了 RSSI 定位系统的精度,能够满足煤矿井下人员定位的要求;周莉娟等[112]研究了综采工作面无线节点部署,并对基于 RSSI 信号与无线节点距离之间的映射模型进行了推导,在定位引擎软件中通过定位算法解算获得了采煤机的位置,具有一定的借鉴意义;田丰等[113]针对煤矿井下线型无线传感器网络节点定位精度较低的问题,提出了基于接收信号强度指示(RSSI)的对角差分修正定位算法,并利用锚节点构建的煤矿井下巷道模型对移动目标的横坐标进行修正,进一步提高了定位系统的精度和稳定性;刘艳兵等[114]从增强煤矿井下安全生产、抢险救灾的能力和提高管理效率出发,在嵌入式地理信息系统开发平台 eSuperMap 和 WinCE操作系统的支持下,设计了煤矿井下无线导航系统,实现了对煤矿井下作业人员和流动设备的导航;张治斌等[115]提出了一种基于 RSSI 的加权质心算法,并利用固定锚节点之间的距离和信号强度信息来校正权值,基于 RSSI 的低成本及低通信,实现了对煤矿井下人员的定位。

对移动目标无线定位,可以通过采用提高测距精度来提高定位精度,而对相关无线信号进行融合是提高无线测距精度的有效方法。煤矿移动目标由于其在巷道等三维链式环境下运动,从而使无线传感器网络拓扑结构和无线信号之间存在相关性。在无线节点功率相同、传送模式相似的基础上,由于在移动目标运动过程中其自身移动节点与巷道两边的锚节点的相对空间位置相似,移动节点接收到来自锚节点的信号特征相似,所以在移动目标位置空间与无线信号空间存在一一映射的关系。利用煤矿巷道内无线节点拓扑结构与信号空间自身的特征来进一步提高移动目标定位精度,目前在这方面的研究工作相对较少。苏联数学家柯尔莫戈洛夫 1959 年在研究信息论时表明:单一系统集合多传感器获得的测量数据,必然大于任何一个单维信息及其简单加和的信息量。在多传感器估计融合领域,当多个传感器被采用时有用信息会增加,多传感器融合估计的效果要好于单传感器的估计性能,同时采用的传感器数目越多,融合估计的效果越好,已有文献从理论上证明了以上的认识是正确的[116]。数据融合可以分为数据级融合、特征级融合以及决策级融合,直接对传感器的观测数据进行融合具有最高的融合精度[117]。Hotelling 等[118] 在 1936 年首次提出了采用典型相关分析方法(Canonical Correlation Analysis,CCA)来求解两组变量的相关性系数,但是 CCA 方法只局限于对两组相关性较好的变量有效;Via 等[119] 利用典型相关分析来进行两个数据集相关性建模,在两组数据集中找到最本质的信息。

由于典型相关分析只适用于线性关系,而在实际环境中的无线信号容易受到传感器噪声和环境干扰而呈现非线性的特征,同时锚节点的不确定性会进一步增加无线信号集间的非线性程度。因此,Pan 等[120] 提出了一种基于核典型相关分析(Kernel Canonical Correlation Analysis,KCCA)来实现非线性数据集间的映射,采用不完全施密特正交分解方法获得两组无线数据集间的相关性系数,同时对基于 802.11 无线局域网采集的无线数据进行测试,实现了目标高精度的定位;陈松灿等[121] 充分利用网络的局部拓扑结构以及其与信号空间的相关性,运用流形方法建立了从信号强度空间到物理空间的映射,提出了一种能够体现网络拓扑结构局部信息的无线传感器网络定位算法,提高了无线传感器网络的定位精度;禹华钢等[122] 在信号先验信息未知的情况下,采用核典型相关分析天线阵接收的混合信号,能够满足实际定位需求;李太福等[123] 提出一种结合核典型相关法与虚假最近邻法的变量选择法,为非线性系统变量建模提供了方法。

　　针对移动目标链式无线传感器网络,由于其窄长的网络拓扑结构,移动目标运行到不同位置所接收到的无线信号幅值不同,由移动目标上移动节点从多组锚节点处获得的多组信号形成无线信号集。利用多源无线信号的冗余进行互补集成,提高无线信号测量精度已经被证明具有较好的效果,同时相关无线信号集越多,融合估计效果越好,越能改善由无线测距误差所带来的定位误差。考虑到布置在链式两边的锚节点基准坐标会发生漂移,移动目标无线定位解算需要考虑由锚节点基准坐标所引起的解算误差。因此在本章不确定锚节点下数据相关分析定位移动目标中,其涉及无线信号关联、多源数据融合以及无线定位解算等问题。

3.2　链式拓扑结构下节点间无线信号

3.2.1　链式网络定位场景

　　煤矿链式网络下移动目标无线定位场景,如图 3-1 所示。锚节点的部署采用异边部署,即将无线感知节点间隔部署在链式结构边界的两边或两边附近处,而移动节点在窄长空间内运动[108]。

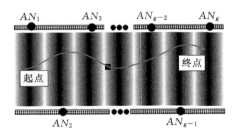

图 3-1　煤矿链式结构下移动目标无线定位场景

　　如图 3-1 所示,锚节点表示为 $ANs = \{AN_1, AN_2, \cdots, AN_i, \cdots, AN_g\}$,其中 AN_i 表示第 i 个锚节点,g 代表锚节点的数目;移动节点表示为 MN。移动目标无线定位系统精度取决于无线信号测距精度,采用融合多组相关无线信号集来减少无线测距误差,能够改善移动目标无线定位精度。

　　如图 3-2 所示,移动节点与 g 个锚节点进行通信,能够得到 $g-1$ 个

TDOA 值和 g 个 AOA 值,基于以上测量的数据进行移动目标无线定位解算。

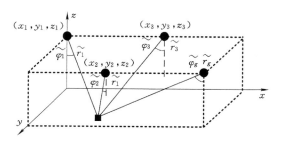

图 3-2　TDOA 和 AOA 测距方法

3.2.2　无线节点间几何距离模型

在煤矿链式无线传感器网络中,锚节点和移动节点分别部署在链式两边和移动目标上,无线节点均具有相同的特性,如相同的通信半径 r_s。如图 3-3 所示,令定位场景为窄长空间,且长度 l 要远远大于宽度 w,两个锚节点水平距离为 d_H,移动目标在运动过程中与感知区域边界的垂直距离为 e,与锚节点间的水平距离为 a,移动目标与锚节点间的几何距离为 d_i。感知节点覆盖部署以及移动节点的运动模型,使得不同时刻移动节点在通信范围的锚节点不同,则在此刻移动节点的定位精度也不同。如图 3-3 所示,令锚节点为 AN_i,而移动节点为 MN,锚节点与移动节点同质,其感知半径都为 r_s。在链式窄长结构中,分析移动目标在链式长度方向上位于不同位置时与感知节点间的距离关系。

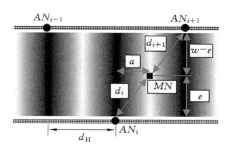

图 3-3　移动节点与锚节点间的几何间距

不失一般性,感知节点部署在窄长结构两边,两个相邻锚节点沿水平方向的几何距离相等。当移动目标上的移动节点 MN 在链式场景中,与其通信范围的锚节点 AN_{i-1}, AN_i 和 AN_{i+1} 进行通信,则移动节点与锚节点间的几何距离可以表示为

$$\begin{cases} d_{i-1} = \sqrt{(d_{\mathrm{H}}(i-1)+a)^2+(w-e)^2+h^2}, & i \in \{2,3,\cdots,g-1\} \\ d_i = \sqrt{(d_{\mathrm{H}}i+a)^2+e^2+h^2}, & i \in \{2,3,\cdots,g-1\} \\ d_{i+1} = \sqrt{(d_{\mathrm{H}}(i+1)-a)^2+(w-e)^2+h^2}, & i \in \{2,3,\cdots,g-1\} \end{cases}$$

$$(3-1)$$

在链式无线传感器网络中,链式宽度 w 和高度 h 值远远小于锚节点间距 d_{H}。在式(3-1)中,锚节点与移动节点间的几何距离主要由参数 a 决定的,而参数 w 和 h 对其距离值影响较小。因此只要锚节点与移动节点间水平距离 a 相等,其几何距离就大致相等。假设锚节点 AN_i 基准坐标为 (x_i^o, y_i^o, z_i^o),移动节点 MN 坐标为 (x, y, z),则其测量距离可以表示为

$$d_i = \sqrt{(x_i^o-x)^2+(y_i^o-y)^2+(z_i^o-z)^2} \qquad (3-2)$$

以上的讨论只涉及锚节点与移动节点间的几何距离。在一些实际的定位系统中,锚节点精确坐标通常由 GPS 或者人工进行部署,但是随着定位系统长时间运行,锚节点的基准坐标 (x_i^o, y_i^o, z_i^o) 会发生漂移,考虑到锚节点基准坐标误差后其实际坐标为 $(x_i^o+\Delta x_i, y_i^o+\Delta y_i, z_i^o+\Delta z_i)$,则锚节点与移动节点间的实际距离为

$$d_i + \Delta d = \sqrt{(x_i^o+\Delta x_i-x)^2+(y_i^o+\Delta y_i-y)^2+(z_i^o+\Delta z_i-z)^2}$$

$$(3-3)$$

式中　Δx_i——锚节点 x 轴的坐标误差;

　　　Δy_i——锚节点 y 轴的坐标误差;

　　　Δz_i——锚节点 z 轴的坐标误差。

由锚节点基准坐标误差所引起的距离误差为

$$\Delta d = \sqrt{2(x_i^o-x)+\Delta x_i^2+2(y_i^o-y)+\Delta y_i^2+2(z_i^o-z)+\Delta z_i^2} \quad (3-4)$$

从式(3-4)可以看出,距离误差值 Δd 会影响几何距离的相似性,从而进一步影响锚节点与移动节点间无线信号幅值的相似性。

3.2.3 相似几何距离下信号幅值相似性

无线传感器网络定位中,在无线节点功率相同、传送模式相似的前提下,

无线传感器网络中任意两移动节点若相邻,则接收到相同锚节点所发射的信号幅值也相似,所以移动节点所处的物理空间和无线信号幅值之间存在一一映射关系,如图 3-4 所示。这一特性说明几何距离空间与无线信号数据之间存在着紧密的相关性。当目标移动时,布置在其上的移动节点能够与其通信范围内的多个锚节点进行通信,从而接收到多组无线信号值,移动节点在运动过程中先靠近锚节点继而远离锚节点时,其无线信号值总是先增大继而减少。因此移动节点运行到相邻位置时由于其与锚节点间的几何距离相似,其接收到的无线信号幅值相似。在 t_1 和 t_2 时刻能够接收到两组无线信号集。由于无线节点的通信半径 r_s 远远大于链式网络宽度 w,链式网络宽度方向能够被完全覆盖。

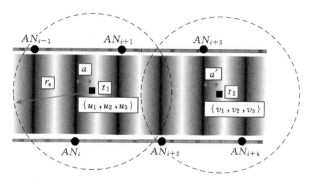

图 3-4 无线节点几何距离与信号幅值间映射

在 t_1 时刻,移动节点与锚节点 AN_{i-1},AN_i 和 AN_{i+1} 进行通信,其移动节点与锚节点间的几何距离为 d_{i-1},d_i 和 d_{i+1},其几何距离下的无线信号幅值分别为 u_1,u_2 和 u_3;而在 t_2 时刻,移动节点与锚节点 AN_{i+2},AN_{i+3} 和 AN_{i+4} 进行通信,其移动节点与锚节点间的几何距离为 d_{i+2},d_{i+3} 和 d_{i+4},其几何距离下的无线信号幅值分别为 v_1,v_2 和 v_3。由于煤矿巷道或者综采工作面为链式环境,其链式长度 l 远远大于链式宽度 w,一般情况下 1 m$<w<$3 m,几何距离 d_i 中的分量 $(w-e)^2+h^2$ 以及 e^2+h^2 较小,因此在 t_1 和 t_2 时刻由于移动节点与锚节点间的水平几何距离相似,其几何距离 $d_{i-1}≈d_{i+2}$,$d_i≈d_{i+3}$ 和 $d_{i+1}≈d_{i+4}$ 成立,说明了在链式结构中当移动节点运动位置相似时,其锚节点间的几何距离相似。当移动节点在链式网络中,在 t_1 和 t_2 时刻由于移动节点与锚节点间的几何距离相似时,其接收到的无线信号幅值相似,即有 $u_1≈v_1$,$u_2≈v_2$

和 $u_3 \approx v_3$。

如图 3-5 所示,当移动目标 MN 运行到 O_1 和 O_2 相邻位置时,其与通信范围内的锚节点距离相似;当其运行到 O_3 时,尽管 O_3 与 O_1 和 O_2 不相邻,由于链式结构的特殊性,节点间距离同样与 O_1 和 O_2 相似;但是当移动节点运行到 O_3 和 O_4 两个不相似的区域时,由于其与锚节点间的几何距离不等,其接收到的无线信号幅值也不会相同。

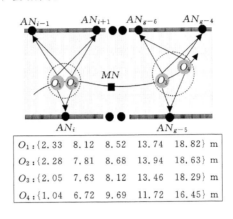

$O_1 : \{2.33 \quad 8.12 \quad 8.52 \quad 13.74 \quad 18.82\}$ m
$O_2 : \{2.28 \quad 7.81 \quad 8.68 \quad 13.94 \quad 18.63\}$ m
$O_3 : \{2.05 \quad 7.63 \quad 8.12 \quad 13.46 \quad 18.29\}$ m
$O_4 : \{1.04 \quad 6.72 \quad 9.69 \quad 11.72 \quad 16.45\}$ m

图 3-5   相似几何距离下相似无线信号

因此当锚节点均匀部署时,无线信号值能够直接表征出锚节点与移动节点间的几何距离。但是在移动目标无线定位中,无线信号与几何距离间的映射关系没有被很好地应用,如何找出链式无线传感器网络中两组相关的无线信号集对于改善移动目标定位精度具有重要的意义。

3.3   不确定锚节点下增强测距精度解算

3.3.1   煤矿移动目标定位系统原理图

在煤矿移动目标无线定位中,大多研究集中在通过移动节点接收到来自锚节点的 RSSI、TDOA、TOA 和 AOA 等多种无线信号,能够反推出其在物理空间的位置,继而计算出移动目标上移动节点的位置。通常情况下,研究者利用改进的定位算法或者数据滤波等来提高移动目标定位精度,并没有利用网络拓扑结构下无线信号相似性来增强移动目标无线定位精度。

图 3-6 所示为不确定锚节点下数据相关分析定位煤矿移动目标系统图。由于煤矿移动目标运行在窄长空间,无线传感器网络形成长宽比较大的网络拓扑结构,使得在移动节点运行过程中接收到的无线信号存在广泛的相关性。但是由于无线定位系统在煤矿运行时,存在传感器噪声以及环境噪声,这容易导致测量的无线信号集具有噪声而非线性的特性,无法有效地进行相关性分析。本章首先采用核典型相关分析对两组无线信号的相关性进行计算,利用不完全 Cholesky 分解法计算特征值,继而对两组相关性较大的无线信号集进行融合,得到一组能够表征移动目标位置的精确无线信号集。同时考虑到布置在煤矿链式结构两边的锚节点基准坐标发生漂移,采用约束总体最小二乘方法对移动目标的位置进行解算,实现基于无线传感器网络的移动目标实时定位。

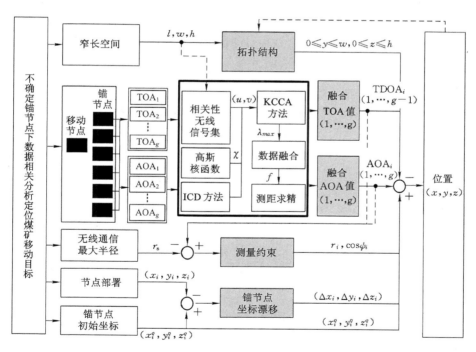

图 3-6　煤矿移动目标定位系统原理图

3.3.2 链式结构下无线信号集相关性

移动目标无线定位,其定位精度主要取决于无线信号测距精度,可以在移动目标上安装多个移动节点获得多组无线信号,通过对多组无线信号进行融合估计来消除无线测距噪声,但是多移动节点消耗硬件资源的同时也会消耗锚节点大量的电量。因此,可以通过探寻相关性较大的无线信号集并对其进行数据融合,来提高无线测距的精度。对于煤矿链式无线传感器网络,尽管其移动目标在不同位置接收到的信号幅值不同,在相似位置接收到的无线信号集具有较大的相关性,但是由于传感器噪声以及环境噪声的干扰使得无线信号集存在非线性的特性[120]。典型相关方法能够对两组线性度较好的变量进行相关性分析。针对非线性的无线信号集,核典型相关方法提供了一种很好的解决思路,通过将低维数据映射到高维来进行特征值的求解,很好地揭示来自不同位置空间的两组非线性无线信号集之间内在相关性[124]。

在此,采用 TOA 和 AOA 方法对移动节点进行距离测量,两组 TOA 值被表示为 u_{TOAs} 和 v_{TOAs},而两组 AOA 值被表示为 u_{AOAs} 和 v_{AOAs}。为了推导方便,两组无线信号被简写为 (u,v),其中 $u=[u_1,u_2,\cdots,u_g]'\in R$ 和 $v=[v_1,v_2,\cdots,v_g]'\in R$。两组无线信号集 (u,v) 可以被改写为 $\varphi(u)$ 和 $\varphi(v)$,则

$$S_{\varphi(u)}=[\varphi(u_1),\varphi(u_2),\cdots,\varphi(u_g)]',S_{\varphi(v)}=[\varphi(v_1),\varphi(v_2),\cdots,\varphi(v_g)]'$$
(3-5)

数据在投影方向 α_e 和 β_e 的映射为 $w_{\varphi(u)}$ 和 $w_{\varphi(v)}$。

$$w_{\varphi(u)}=S_{\varphi(u)}\,\alpha_e \text{ 和 } w_{\varphi(v)}=S_{\varphi(v)}\,\beta_e$$
(3-6)

则最大相关性系数 ρ 可以表示为[124]

$$\max \rho(w_{\varphi(u)},w_{\varphi(v)})=\frac{w'_{\varphi(u)}\varphi(u)\varphi(v)w_{\varphi(v)}}{\sqrt{w'_{\varphi(u)}\varphi(u)\varphi(u)w_{\varphi(u)}}\sqrt{w'_{\varphi(v)}\varphi(v)\varphi(v)w_{\varphi(v)}}}$$
(3-7)

对于式(3-7),通过高斯核函数可以将两组无线信号集映射到高维空间

$$K(u_i,u_j)=(\varphi(u_i),\varphi(u_j))=\exp(-\parallel u_i-u_j\parallel^2/2\chi^2)$$
(3-8)

因此可以定义

$$K_u=\varphi(u)'\varphi(u) \text{ 和 } K_v=\varphi(v)'\varphi(v)$$
(3-9)

两组信号集 (u,v) 的相关性系数 ρ 为

$$\rho = \frac{\alpha'_e K_u K_v \beta_e}{\sqrt{\alpha'_e K_u K_u \alpha_e}\ \sqrt{\beta'_e K_v K_v \beta_e}} \tag{3-10}$$

求解相关性系数最大，可以转为解决以下约束优化问题

$$\begin{cases} \max \quad \alpha'_e K_u K_v \beta_e \\ \text{s. t.} \quad \alpha'_e K_u K_u \alpha_e = 1, \beta'_e K_v K_v \beta_e = 1 \end{cases} \tag{3-11}$$

利用拉格朗日法，可以得到

$$L(\lambda, \alpha_e, \beta_e) = \alpha'_e K_u K_v \beta_e - \frac{\lambda_{\alpha_e}}{2}(\alpha'_e K_u K_u \alpha_e - 1) - \frac{\lambda_{\beta_e}}{2}(\beta'_e K_u K_u \beta_e - 1)$$

$$\tag{3-12}$$

求解式(3-11)，得到广义特征值方程

$$\begin{bmatrix} 0 & K_u K_v \\ K_v K_u & 0 \end{bmatrix}\begin{bmatrix} \alpha_e \\ \beta_e \end{bmatrix} = \lambda \begin{bmatrix} K_u K_u & 0 \\ 0 & K_v K_v \end{bmatrix}\begin{bmatrix} \alpha_e \\ \beta_e \end{bmatrix} \tag{3-13}$$

从式(3-13)可以得出，$\lambda = 1$ 对所有无线信号集均成立。为了避免这一问题，目前常采用偏 Gram-schmidt 正交化方法（PGSO）或者不完全 Cholesky 分解法（ICD）来进行标准特征值的求解。

对核矩阵 K_u 和 K_v 进行分解可得[125]

$$K_u = R_u R'_u \quad K_v = R_v R'_v \tag{3-14}$$

将式(3-14)代入式(3-13)，并作适当简化可得

$$Z_{uu} Z_{uv} \overline{\beta}_e = \lambda Z_{uu}^2 \overline{\alpha}_e \quad Z_{vv} Z_{vu} \overline{\alpha}_e = \lambda Z_{vv}^2 \overline{\beta}_e \tag{3-15}$$

式中：

$$Z_{uu} = R'_u R_u \quad Z_{vv} = R'_v R_v \quad Z_{uv} = R'_u R_v$$

$$Z_{vu} = R'_v R_u \quad \overline{\alpha}_e = R'_u \alpha_e \quad \overline{\beta}_e = R'_v \beta_e$$

式(3-15)可以被写为

$$Z_{uv} Z_{vv}^{-1} Z_{vu} \overline{\alpha}_e = \lambda^2 Z_{uu} \overline{\alpha}_e \tag{3-16}$$

通过求解式(3-16)，可以得到特征值。

3.3.3 误差锚节点下移动目标定位解算

利用核典型相关分析获得两组相关的无线信号集，假设通过上述核典型相关性分析得到两组无线信号（u, v），其数学期望分别为 $\overline{u}$ 和 $\overline{v}$，其协方差阵和互协方差阵分别为 P_{uu}, P_{vv} 和 P_{uv}。则估计融合结果是两个无线信号 u 和 v 的线性组合，其得到的最优融合估计量 f 及其协方差矩阵 P_{ff}[126] 为：

$$f = w_u u + w_v v \tag{3-17}$$

$$P_{ff} = w_u P_{uu} w_u^{\mathrm{T}} + w_u P_{uv} w_v^{\mathrm{T}} + w_v P_{vu} w_u^{\mathrm{T}} + w_v P_{vv} w_v^{\mathrm{T}} \tag{3-18}$$

式中,w_u 和 w_v 分别为权重系数,$w_u + w_v = 1 (0 \leqslant w_u \leqslant 1, 0 \leqslant w_v \leqslant 1)$,最优的权值可以通过使融合协方差 P_{ff} 的迹最小求得。

令安装在移动目标上移动节点的坐标为 $m = [x, y, z]^{\mathrm{T}}$,布置在链式结构两边的锚节点初始坐标为 $a = [a_1^o, a_2^o, \cdots, a_i^o, \cdots, a_g^o]^{\mathrm{T}}$,其中 $a_i^o = [x_i^o, y_i^o, z_i^o]^{\mathrm{T}}$。在通信范围内,移动节点能够接收到来自锚节点的多组无线信号。根据距离公式得

$$r_i^o = \sqrt{(x_i^o - x)^2 + (y_i^o - y)^2 + (z_i^o - z)^2}, i = 1, 2, \cdots, g \tag{3-19}$$

式(3-19)写成 2-范数的形式为

$$r_i^o = \| m_o - a_i^o \| \tag{3-20}$$

无线信号的传播速度 v_c 为 3×10^8 m/s,基于信号到达时间差 $t_{i,1}$ 可以求得距离表达式为

$$r_{i1}^o = v_c t_{i,1} = r_i^o - r_1^o \tag{3-21}$$

从式(3-21)两边求平方得

$$r_1^{o\,2} = (r_i^o - r_{i1}^o)^2 \tag{3-22}$$

对式(3-22)展开并化简得

$$2(x_i^o - x_1^o)x + 2(y_i^o - y_1^o)y + 2(z_i^o - z_1^o)z = \tag{3-23}$$
$$x_i^{o\,2} - x_1^{o\,2} + y_i^{o\,2} - y_1^{o\,2} + z_i^{o\,2} - z_1^{o\,2} + r_{i1}^{o\,2} - 2r_i^o r_{i1}^o$$

同时移动目标与锚节点间的角度值 ψ_i^o 为

$$\cos \psi_i^o = \frac{z_i^o - z}{r_i^o}, i = 1, 2, \cdots, g \tag{3-24}$$

从式(3-24)得

$$r_i^o = \frac{z_i^o - z}{\cos \psi_i^o} \tag{3-25}$$

将式(3-25)代入式(3-23)可得

$$2(x_i^o - x_1^o)x + 2(y_i^o - y_1^o)y + 2\left(z_i^o - z_1^o - \frac{r_{i1}^o}{\cos\psi_i^o}\right)z \tag{3-26}$$
$$= x_i^{o\,2} - x_1^{o\,2} + y_i^{o\,2} - y_1^{o\,2} + z_i^{o\,2} - z_1^{o\,2} + r_{i1}^{o\,2} - 2\frac{r_{i1}^o z_i^o}{\cos \psi_i^o}$$

令 $x_{i,1}^o = x_i^o - x_1^o$,$y_{i,1}^o = y_i^o - y_1^o$,$z_{i,1}^o = z_i^o - z_1^o$,式(3-26)写成矩阵的形式为

$$S^o \, m_o = T^o \tag{3-27}$$

式中：

$$S^o = 2 \times \begin{bmatrix} x^o_{2,1} & y^o_{2,1} & z^o_{2,1} - \dfrac{r^o_{21}}{\cos \psi^o_2} \\[2mm] x^o_{3,1} & y^o_{3,1} & z^o_{3,1} - \dfrac{r^o_{31}}{\cos \psi^o_3} \\[2mm] \vdots & \vdots & \vdots \\[2mm] x^o_{g,1} & y^o_{g,1} & z^o_{g,1} - \dfrac{r^o_{g1}}{\cos \psi^o_g} \end{bmatrix}, \, m_o = \begin{bmatrix} x \\ y \\ z \end{bmatrix},$$

$$T^o = \begin{bmatrix} a^o_2{}' a^o_2 - a^o_1{}' a^o_1 + r^o_{21}{}^2 - \dfrac{2r^o_{21} z^o_2}{\cos \psi^o_2} \\[2mm] a^o_3{}' a^o_3 - a^o_1{}' a^o_1 + r^o_{31}{}^2 - \dfrac{2r^o_{31} z^o_3}{\cos \psi^o_3} \\[2mm] \vdots \\[2mm] a^o_g{}' a^o_g - a^o_1{}' a^o_1 + r^o_{g1}{}^2 - \dfrac{2r^o_{g1} z^o_g}{\cos \psi^o_g} \end{bmatrix}$$

在大多数无线传感器网络定位应用中，锚节点位置固定不动，其坐标通过人工部署或者 GPS 已经精确标定。但是，在移动传感器网络中由于环境的变化使经过精确初始标定的锚节点坐标发生漂移，因此在定位算法中采用确定的锚节点坐标进行解算得到的移动目标的位置，不能反映锚节点漂移误差对定位精度的影响，因此研究不确定锚节点坐标下移动目标的定位解算具有重要意义。

为了获得准确的矩阵 S 和 T 值，令锚节点实际坐标为 a_i，角度测量的实际值为 ψ_i，而基于信号到达时间差的距离测量值为 r_{i1}[127]，则锚节点实际坐标，角度测量值以及距离测量值分别为：

$$\begin{cases} x_i = x^o_i + \Delta x_i \\ y_i = y^o_i + \Delta y_i \\ z_i = z^o_i + \Delta z_i \\ \psi_i = \psi^o_i + \Delta \psi_i \\ r_{i1} = r^o_{i1} + \Delta r_{i1} \end{cases} \tag{3-28}$$

式中，锚节点坐标误差值为 $\Delta a_i = [\Delta x_i, \Delta y_i, \Delta z_i]^{\mathrm{T}}$；角度测量误差值为 $\Delta \psi_i$；距离测量误差值为 Δr_{i1}。

考虑 Taylor 级数展开，并忽略高阶项可得

$$\cos \psi_i = \cos(\psi_i^o + \Delta\psi_i) = \cos \psi_i^o - \Delta\psi_i \sin \psi_i^o + o(\psi_i^o) \tag{3-29}$$

将式(3-28)代入式(3-27),并令 $\Delta x_{i,1} = \Delta x_i - \Delta x_1$, $\Delta y_{i,1} = \Delta y_i - \Delta y_1$ 和 $\Delta z_{i,1} = \Delta z_i - \Delta z_1$,则式(3-27)可以写为

$$S = S^o + \Delta S = S^o + [F_1 E \quad F_2 E \quad F_3 E]$$
$$T = T^o + \Delta T = T^o + F_4 E \tag{3-30}$$

式中

$$\Delta S = [F_1 E \quad F_2 E \quad F_3 E]$$

$$= 2 \times \begin{bmatrix} \Delta x_{2,1} & \Delta y_{2,1} & \Delta z_{2,1} - \dfrac{\cos \psi_2 \Delta r_{21} + \Delta\psi_2 \cos \psi_2 r_{21}}{\cos \psi_2 (\cos \psi_2 - \Delta\psi_2 \sin \psi_2)} \\[3mm] \Delta x_{3,1} & \Delta y_{3,1} & \Delta z_{3,1} - \dfrac{\cos \psi_3 \Delta r_{31} + \Delta\psi_3 \cos \psi_3 r_{31}}{\cos \psi_3 (\cos \psi_3 - \Delta\psi_3 \sin \psi_3)} \\[3mm] \vdots & \vdots & \vdots \\[3mm] \Delta x_{g,1} & \Delta y_{g,1} & \Delta z_{g,1} - \dfrac{\cos \psi_g \Delta r_{g1} + \Delta\psi_g \cos \psi_g r_{g1}}{\cos \psi_g (\cos \psi_g - \Delta\psi_g \sin \psi_g)} \end{bmatrix}$$

$$\Delta T = F_4 E$$

$$= 2 \times \begin{bmatrix} a'_2 \Delta a_2 - a'_1 \Delta a_1 + r_{21} \Delta r_{21} - \dfrac{\cos \psi_2 r_{21} \Delta z_2 + \cos \psi_2 \Delta r_{21} z_2 + \Delta\psi_2 \sin \psi_2 r_{21} z_2}{\cos \psi_2 (\cos \psi_2 - \Delta\psi_2 \sin \psi_2)} \\[3mm] a'_3 \Delta a_3 - a'_1 \Delta a_1 + r_{31} \Delta r_{31} - \dfrac{\cos \psi_3 r_{31} \Delta z_3 + \cos \psi_3 \Delta r_{31} z_3 + \Delta\psi_3 \sin \psi_3 r_{31} z_3}{\cos \psi_3 (\cos \psi_3 - \Delta\psi_3 \sin \psi_3)} \\[3mm] \vdots \\[3mm] a'_g \Delta a_g - a'_1 \Delta a_1 + r_{g1} \Delta r_{g1} - \dfrac{\cos \psi_g r_{g1} \Delta z_g + \cos \psi_g \Delta r_{g1} z_g + \Delta\psi_g \sin \psi_g r_{g1} z_g}{\cos \psi_g (\cos \varphi_g - \Delta\psi_g \sin \psi_g)} \end{bmatrix}$$

则总体最小二乘可以写为

$$\min_{m_o, E} \| [F_1 E \quad F_2 E \quad F_3 E \quad F_4 E] \|_F^2 \tag{3-31}$$

由式(3-31)可以求得移动目标的坐标位置,当 TDOA 和 AOA 测距误差很小时,或者锚节点不存在漂移时通过上式可以较为精确地获得其位置。但是由于无线测距误差以及锚节点基准坐标误差的存在,使用上式直接进行位置解算将会产生较大的定位误差。因此有必要对定位算法进行改进。考虑到本章研究的是移动目标在链式场景中的定位问题,即窄长比较大且高度限定,其定位场景的环境特征非常明显,因此可以充分利用地理环境约束下的信号特征进行定位求解。根据移动目标沿链式长度方向运动作为约束,可以建立移动目标运动轨迹下节点坐标约束条件。利用这些约束条件有效减少可行

域,提高定位精度[128]。

约束 1　距离约束

假设无线节点通信半径为 r_s,当移动目标运行到任何一个位置总是有 g 个锚节点与其进行协作定位,因此移动目标与锚节点间的距离总是小于通信半径,则有

$$r_i = \| m_o - a_i \| < r_s, i = 1, 2, \cdots, g \tag{3-32}$$

约束 2　角度约束

由于锚节点安装在链式场景的一定高度上,而移动目标在地面运行,因此移动节点与锚节点间的角度总是小于最大通信半径所对应的角度,因此可得

$$\cos \psi_i = \frac{z_i - z}{\sqrt{(x_i - x)^2 + (y_i - y)^2 + (z_i - z)^2}} > \frac{h}{r_s}, i = 1, 2, \cdots, g \tag{3-33}$$

约束 3　拓扑结构约束

链式结构是一个窄长的三维空间,其几何结构在宽度和高度方向上受到限制,因此移动节点纵坐标和高度坐标总是有

$$0 \leqslant y \leqslant w, 0 \leqslant z \leqslant h \tag{3-34}$$

因此,在考虑距离约束、角度约束以及拓扑结构约束下的总体最小二乘解为

$$\begin{cases} \min\limits_{m_o, E} \| [F_1 E \quad F_2 E \quad F_3 E \quad F_4 E] \|_F^2 \\ \text{s. t. } r_i = \| m_o - a_i \| < r_s, i = 1, 2, \cdots, g \\ \cos \psi_i = \dfrac{z_i - z}{r_i} > \dfrac{h}{r_s}, i = 1, 2, \cdots, g \\ 0 \leqslant y \leqslant w, 0 \leqslant z \leqslant h\beta \end{cases} \tag{3-35}$$

3.3.4　煤矿移动目标定位算法流程

为了实现移动目标实时动态定位,本节给出所设计定位算法的流程。当移动目标在煤矿窄长空间时,由无线传感器网络生成无线信号,经过定位解算得到移动目标的位置,不确定锚节点下数据相关分析定位煤矿移动目标算法流程如图 3-7 所示。

1. 主程序
2. 部署锚节点与移动节点；
3. $[l,w,h,m,g,r_s]$←确定初始参数；
4. $[x_i^0,y_i^0,z_i^0]$←初始坐标←锚节点；
5. 移动目标运行及等待采样；
6. $[TOA_i,AOA_i]$←采集无线信号；
7. $[u_{TOAs},v_{TOAs}]$及$[u_{AOAs},v_{AOAs}]$←无线信号集；
8. 无线信号相关性分析；
9. $[S_{\varphi(u)},S_{\varphi(v)}]$←相似矩阵$(\varphi(u),\varphi(v))$；
10. $[w_{\varphi(u)},w_{\varphi(v)}]$←矩阵映射；
11. $K(u_i,u_j)$←参数χ←高斯核；
12. ρ←$[\alpha_e,\beta_e,K_u,K_v]$←相关系数；
13. $L(\lambda,\alpha_e,\beta_e)$←拉格朗日方程；
14. $[R_uR'_u,R_vR'_v]$←$[K_u,K_v]$←不完全 Cholesky 分解；
15. λ←最大广义特征值；
16. 移动目标位置解算；
17. $[\bar{u},\bar{v}]$←$[u,v]$←期望值；
18. $[P_{uu},P_{vv},P_{uv}]$←协方差与互协方差矩阵；
19. $[f_{TOAs},f_{TOAs}]$←f←融合的无线信号值；
20. $r_{i1}=r_i-r_1=r_i=v_ct_i=\|m_o-a_i\|$←计算到达时间差；
21. $\cos\psi_i$←$(z_i-z)/r_i$←计算到达角度；
22. $[\Delta x_i,\Delta y_i,\Delta z_i,\Delta r,\Delta\psi]$←误差分布；
23. $[S,T,m_o]$←$[F_1E,F_2E,F_3E,F_4E]$←约束总体最小二乘；
24. $[w,h,r_s]$←约束方程；
25. m_o←(x,y,z)←移动目标位置；
26. 结束

图 3-7 不确定锚节点下数据相关分析定位煤矿移动目标算法流程

3.4 链式结构下移动目标定位性能研究

3.4.1 移动目标定位精度仿真研究

为了验证本章所提出的移动目标定位算法性能，利用仿真试验进行研究。为了使实验结果可信，每个仿真结果是 50 次实验结果的统计平均。令移动目标在三维工作面上运行，对本章所提出基于 TDOA/AOA 定位算法与基于 TDOA/AOA 测量的加权最小二乘算法（WLS）和基于 TDOA 测量的 CHAN 定位算法进行比较，表 3-1 列出了仿真实验参数值。

表 3-1 链式网络移动目标定位参数及设定值

参数	设定值	说明
l	500 m	链式长度
w	3 m	链式宽度
h	3 m	链式高度
r_s	40 m	通信半径
d_H	$[6,8,10,12,14]$ m	锚节点间距
g	$[83,62,50,42,36]$	锚节点数目
$\sigma_{\Delta x}^2$	$[0.3, 0.6, 0.9, 1.2, 1.5]$	x 轴坐标误差方差
$\sigma_{\Delta y}^2$	$[0.03, 0.06, 0.09, 0.12, 0.15]$	y 轴坐标误差方差
$\sigma_{\Delta z}^2$	$[0.03, 0.06, 0.09, 0.12, 0.15]$	z 轴坐标误差方差
σ_r^2	$[0.5, 1.0, 1.5, 2.0, 2.5]$	TDOA 测量误差方差
σ_ψ^2	$[1, 2, 3, 4, 5]$	AOA 角度测量误差方差

（1）无线节点几何距离相似性

设定煤矿链式结构为 500 m×3 m×3 m，其中锚节点以间距 10 m 分布在链式网络上。为了验证链式结构下存在广泛的几何距离相似性，在相同监测面积的方形和圆形网络中部署相同数目的无线节点。移动节点与锚节点间的几何距离相似性如图 3-8 所示。在链式网络拓扑结构下，几何距离相似系数主要集中在 0.9～1 之间，只有很少的比例处于 0.8～0.9 区间，几何距离相似

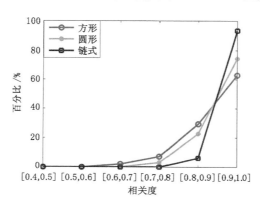

图 3-8 三种网络拓扑结构下几何距离相关性

系数没有低于 0.8;而在方形和圆形网络中,移动节点与锚节点间的相似系数从 0.4 缓慢增加到 0.8,在 0.8～1 区间则快速增加。在 0.9～1 区间,链式结构下几何距离间的相似比例要大于方形和圆形网络拓扑结构,说明在煤矿窄长空间下无线传感器网络存在大量的相似无线信号集,可以利用无线信号集建立方程组来对移动目标位置进行求解。

（2）TDOA/AOA 测量精度

为了研究无线信号测量精度对移动目标定位精度的影响规律,图 3-9 给出 TDOA 误差方差从 0.5 增加到 2.5,以及 AOA 误差方差从 1 增加到 5 时移动目标定位精度的变化。图 3-9 表明,WLS,CHAN 以及本章算法下移动目标的定位误差均随着无线信号测距误差的增加而同步增加,说明移动目标无线定位的精度主要取决于无线信号的测量精度。经典的 CHAN 算法仅采用了 TDOA 测量值,但由于 CHAN 算法对获得信号值进行了复杂的运算,使得 CHAN 算法同样具有较好的定位精度;与 CHAN 算法比较,WLS 算法采用了混合 TDOA/AOA 测量值,在具有较低复杂度同时使得移动目标具有更高的定位精度,这说明对于移动目标无线定位使用多种测量手段能够有效改善定位性能。在设定 TDOA 和 AOA 测量误差方差分别为 1.5 和 3 时,与 CHAN 和 WLS 算法相比,本章所提出的移动目标无线定位算法 43.4% 的采样点定位误差在 1 m 之内,说明通过采用融合相关无线信号集能够提高无线定位的精度。

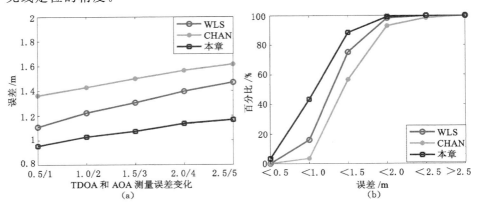

图 3-9　TDOA/AOA 测量误差变化下定位精度

（a）测距误差变化；（b）定位误差百分比

（3）锚节点基准坐标误差

由于部署在巷道或者综采工作面的无线节点，其锚节点初始标定坐标发生漂移，使得定位解算中锚节点坐标有误差，因此需要研究锚节点基准坐标误差与定位算法精度的关系。图 3-10 给出了锚节点横坐标、纵坐标和高度坐标分别从 0.3 增加到 1.5，从 0.03 增加到 0.15 和从 0.03 增加到 0.15 时，移动目标定位精度的变化趋势。当锚节点基准坐标误差方差最大时，采用 CHAN 和 WLS 算法移动目标具有相同定位精度，当锚节点基准坐标误差方差最小时在 WLS 和本章算法下移动目标具有较好的定位精度，而其余情况下采用本章算法移动目标定位精度要好于 CHAN 和 WLS 算法。在设定锚节点横坐标、纵坐标以及高度坐标基准误差分别为 0.9，0.09 和 0.09 时，WLS、CHAN 及本章算法下分别有 24.3%、4.3% 以及 21% 的采样定位误差在 1 m 以内。

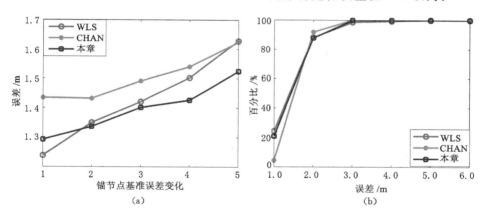

图 3-10　锚节点基准坐标误差变化下定位精度

（a）锚节点基准误差变化；（b）定位误差百分比

（4）锚节点间距

图 3-11 表示锚节点部署密度与移动目标定位精度的关系。当锚节点间距从 6 m 增加到 14 m，WLS 和本章算法下移动目标定位误差不断增加，而 CHAN 算法下移动目标定位误差保持在 1.5 m。增加锚节点间距一方面减少了参与定位锚节点的数目，另一方面减少了锚节点与移动节点间的角度值。由于 CHAN 算法仅采用了 TDOA 测量，而 WLS 和本章算法采用了混合 TDOA/AOA 测距方法，因此由于锚节点间距增加而改变角度值对 WLS 和本

章算法的定位精度影响更大。但是相比于 WLS 和 CHAN 算法当改变锚节点间距时,本章算法下移动目标仍然具有更高的定位精度。在设定锚节点间距 10 m 时,WLS、CHAN 及本章算法下分别有 14.7％、2.6％以及 22.6％的采样点定位误差在 1 m 以下,而分别有 98.3％,92.6％和 96.3％的采样点定位误差在 2 m 以下,说明大部分采样点具有较好的定位精度。

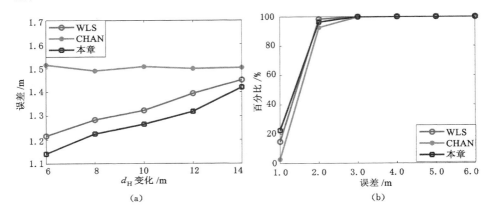

图 3-11　锚节点间距变化下定位精度
(a) 锚节点间距变化;(b) 定位误差百分比

（5）移动目标定位误差

令 TDOA 和 AOA 测量误差方差分别为 1.5 和 3,而锚节点基准横坐标、纵坐标和高度坐标误差方差分别为 0.9,0.09 和 0.09,图 3-12 给出了采用 WLS、CHAN 及本章定位方法时移动目标在每个采样点的定位精度。从图 3-12(a)可以得出,WLS、CHAN 以及本章算法下移动目标平均定位误差分别为 1.52 m,1.62 m 和 1.36 m。图 3-12(b)所示对三种定位算法下移动目标定位误差进行了统计分析。在 WLS 算法下移动目标 7.4％的采样点具有小于 1 m的定位误差,89.2％采样点定位误差小于 2 m;而在 CHAN 算法下小于 1 m和小于 2 m 定位误差的采样点数分别占到 1.7％ 和 86.6％。相比于 WLS 和 CHAN 定位算法,本章定位算法 20％采样点的定位误差小于 1 m,同时高达 90％采样点的定位误差小于 2 m。

3.4.2　移动小车定位精度试验研究

本节在类似于煤矿窄长空间的长廊中,采用无线节点搭建定位平台,通过

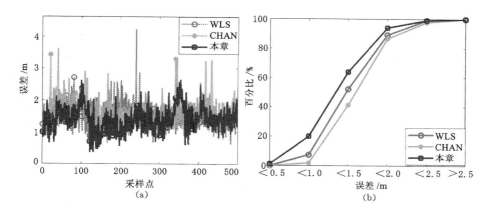

图 3-12 多参量变化下移动目标定位精度

（a）多参量变化下定位精度；（b）定位误差百分比

设置实验参数，来验证本章所提的不确定锚节点下数据相关分析定位移动目标的方法，如图 3-13 所示。

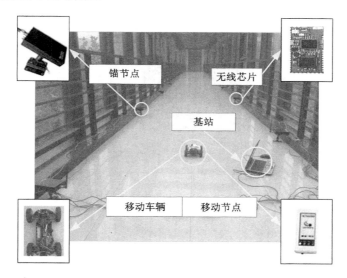

图 3-13 链式场景下移动目标定位平台

在图 3-13 中，所搭建的定位系统由 8 个锚节点、1 个移动节点以及 1 台电脑构成，在移动小车上安装移动节点，在链式场景两边部署锚节点，采用电源线供电,同时移动节点由 970 mAH 的锂电池供电。笔记本电脑作为基站,由移动节点和锚节点测量的无线信号传输到作为基站的笔记本电脑。

如表 3-2 和图 3-14 所示,无线节点采用 Nanotron 公司无线芯片,主要利用独特线性调频扩频(Chirp Spread Spectrum, CSS)通讯技术,工作于 ISM 2.4GHz 频段的 IEEE 802.15.4a,芯片的数据通讯速率为 125 kbps~2 Mbps, RF 接收功率为−33 dBm 到 0 dBm,而其接收灵敏度为−95 dBm,芯片集成 MAC 控制器,同时提供对载波侦听多路访问/冲突避免(CSMA/CA)和时分多址接入(TDMA)协议的支持。无线节点的通信半径大约在 20 m,主要是为了提高在接收器的接收灵敏度,无线节点采用高度集成的混合信号芯片。

表 3-2   无线节点技术参数

nanoLOC_TRX	节点	ISM 频段	通讯速率	信号调制	RF 输出功率	接收灵敏度	工作电流	供电电压
参数值	8	2.4 GHz	125 kbps ~2 Mbps	Chirp Spread Spectrum	−33 dBm to 0 dBm	−95 dBm	1.2 μA	2.5 V± 0.2 V

锚节点   移动节点

图 3-14   锚节点与移动节点图

(1)无线信号测距精度

移动目标无线定位精度主要取决于精确的无线信号,因此本节首先评估采用 CSS 技术的无线节点的测距精度,其基本测距原理分为两步,如图 3-15 所示。首先,由锚节点发送数据包到移动节点,继而接收到移动节点的回复响应,锚节点计算从发送数据流到接收到数据流所需要的传输时间 γ_1;同时移动节点在接收到来自锚节点的数据流后开始启动时钟,在其发送数据流给锚节点后关闭时钟,移动节点计算所用的时间 γ_2 并将其发送给对应的锚节点。其次,由移动节点发送数据包到锚节点,继而接收到来自锚节点的回复响应,移动节点计算从发送数据流开始到接收到数据所需要的传输时间 γ_3,并将所计算的时间传输给锚节点;同时锚节点在接收到来自移动节点的数据流后启动时钟,在其发送数据流给移动节点后关闭时钟,移动节点计算处理所需要的时间 γ_4。通过两次测量,能够获得锚节点到移动节点之间的信号到达时间。

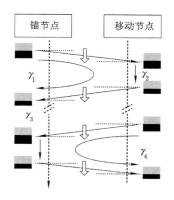

图 3-15　CSS 技术无线测距原理

通过测量锚节点与移动节点之间的无线信号传输时间,则移动目标与锚节点间的几何距离为

$$r_i = v_c \times t_i = v_c \frac{\gamma_1 - \gamma_2 + \gamma_3 - \gamma_4}{4} \tag{3-36}$$

由于四次信号到达时间测量值为 γ_1,γ_2,γ_3 和 γ_4,而其测量误差分别为 δ_1,δ_2,δ_3 和 δ_4。测量误差 δ_1 和 δ_4 主要是由锚节点的晶体振荡器引起的,而测量误差 δ_2 和 δ_3 主要是由移动节点的晶体振荡器引起的,因此由无线节点晶体振荡器引起的测量误差为

$$\Delta r_i = v_c \times \frac{\delta_1 - \delta_2 + \delta_3 - \delta_4}{4}$$
$$= v_c \times \frac{\delta_1 - \delta_2 + \delta_2 - \delta_1}{4} = 0 \tag{3-37}$$

通过式(3-37),可以消除由于时钟漂移所引起的距离测量误差。令一个锚节点固定,移动目标每隔 0.6 m 进行一次测量,通过 20 次测量取平均值计算锚节点与移动节点间的距离,测试结果如图 3-16 所示。

基于 CSS 技术的距离平均测量误差为 0.66 m,测量值与真实值之间具有

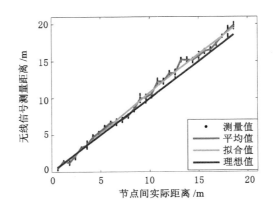

图 3-16 链式场景中无线测距精度

较好的对应关系，表明基于 CSS 技术的无线测距性能较好。为了提高测量精度，采用多项式拟合进行曲线平滑，其平均测量误差减少到 0.6 m，同时当移动节点与锚节点间距为 10 m 以内，其平均测量误差仅为 0.29 m。随着移动节点与锚节点间距离增加，无线信号更容易受到多径效应以及噪声的干扰，使得节点间距离较远时无线信号距离测量误差呈现增加趋势。

如图 3-17 所示，锚节点间距 d_H 从 2.5 m 增加到 5 m，长廊宽为 2.4 m，锚节点离地面高度为 0.15 m，而移动节点离地面高度为 0.1 m。当锚节点间距为 2.5 m 时，在无线节点通信半径内移动节点能与所有 8 个锚节点进行通信，而当锚节点间距为 5 m 时，共有 4 个锚节点参与定位解算。移动小车按

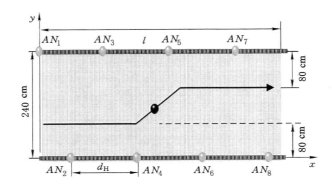

图 3-17 节点部署与运行轨迹

折线轨迹运行,通过移动节点与锚节点间无线信号来对移动小车进行位置解算。

(2) 多组相关无线信号集下移动目标定位

图 3-18 所示为相关性无线信号集对移动目标定位精度的影响。相比于图 3-12(b),超过 30%采样点定位误差小于 0.5 m。当融合的相关性无线信号集 k 从 2 组增加到 5 组时,移动目标平均定位误差分别为 0.74 m,0.71 m,0.70 m 和 0.65 m。

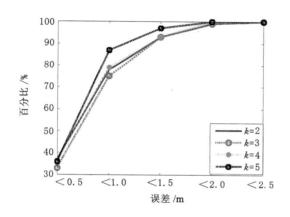

图 3-18 相关性无线信号集数目变化下定位精度

(3) 定位平台上移动目标定位性能分析

图 3-19(a)给出了 WLS,CHAN 和本章算法下移动目标定位精度。从图 3-19(a)可以看出沿移动目标运行方向,三种定位方法下链式网络首尾两端的定位误差均大于中间,而在沿移动目标纵向方向误差变化不明显。主要是由于当移动目标运动到中间时,移动目标上移动节点离左右两端锚节点的相对几何距离更近,而无线信号测距实验表明移动节点与锚节点几何距离越近其测距精度越高,从而使得移动目标运行到中间时具有更高的定位精度。而定位在沿移动目标运行方向比移动目标纵向具有更大的误差,主要是移动节点与锚节点部署结构使得定位解算时具有约束条件,限制了移动目标沿纵向方向定位误差的增长。

从图 3-19(b)可以得出,在 WLS,CHAN 以及本章算法下移动目标平均定位误差分别为 0.99 m,0.73 m 和 0.65 m,同时三种算法下定位误差方差分别为 0.31,0.27 和 0.10。实验结果表明,在本章算法下移动目标具有更高的定位精度和稳定性。

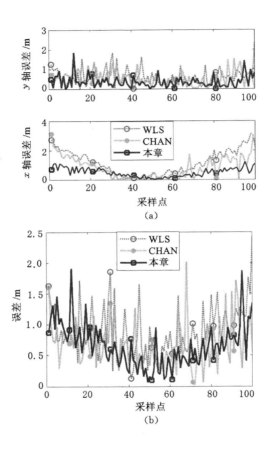

图 3-19 定位平台上不同采样点移动小车定位性能

(a)移动小车在 x 和 y 轴跟踪误差;(b)移动小车跟踪精度

3.5 本章小结

针对煤矿井下采掘装备、运载车辆以及人员等定位,本章提出了一种不确定锚节点下数据相关分析定位煤矿移动目标的方法。由于煤矿移动目标运行在窄长空间,移动节点在相似位置接收到的无线信号集具有较大的相关性,但是由于传感器噪声以及环境噪声的干扰使得无线信号集存在非线性的特性。基于链式网络拓扑结构与无线信号间的映射,利用了核典型相关分析对两组无线信号的相关性进行计算,对两组相关性较大的无线信号集进行融合,得到一组能够表征移动目标位置的精确无线信号集。考虑到布置煤矿链式结构两边的锚节点基准坐标会发生漂移,采用约束总体最小二乘方法对移动节点的位置进行解算。当移动目标运行时移动节点能够接收到来自邻居锚节点的无线信号集,同时探寻相关性最大的无线信号集并进行融合,通过融合多组无线信号集来减少无线信号测量误差,能显著提高煤矿移动目标定位精度。

4　多源误差下采煤机无线三维定位精度CRLB研究

4.1　引　言

　　要实现少人或无人化自动采矿,必须实现由采煤机、刮板输送机和液压支架"三机"组成的采矿机群协同自主工作。在采煤过程中,液压支架的动作、刮板输送机的动作与采煤机的位置存在相互约束关系,同时采煤机自适应截割需要获得采煤机的机身位置,因此要实现采矿机群的协同自主工作,首先必须实现对采煤机位置和姿态的准确检测与控制,即采煤机的自主定位。

　　无线传感器网络在常规定位场景中应用时,锚节点位置固定不动,其坐标通过人工或者GPS进行精确标定。而在综采工作面采煤机无线传感器网络定位中,采煤机截割煤壁时移动节点位置发生变化,同时液压支架向煤壁方向移动使经过精确标定的锚节点初始坐标发生漂移,移动节点和锚节点的运动使采煤机无线传感器网络具有移动性。而采煤机无线传感器网络移动性使锚节点基准坐标带有误差,影响采煤机上移动节点的定位精度。

　　当前,很少有学者研究综采工作面自适应截割高度数据相关性,尤其是截割高度数据对于漂移锚节点坐标标定以及采煤机无线定位精度的影响,其他应用场合对移动目标定位精度的分析可以为本章提供借鉴[129]。Easton等[130]采用经典三边定位法,在具有高斯误差的锚节点下进行实验测试,并且将不确定锚节点数量扩展到4个,研究移动目标节点的定位精度;Funke等[131]在锚节点坐标位置误差下进行地理路由协议的研究,使其能在不确定性锚节点下负载路由路径达到最优;Le等[132]利用校准发射器研究了锚节点具有初始误差下目标的定位精度,通过仿真实验研究证实当传感器与校准传感器之间的距离误差较小时,定位精度能够到达克拉美罗估计(CRLB);Lui 等[133]采用改进的半定规划算法进行锚节点误差下定位精度研究,并与传统的半定规划算法和 CRLB 估计算法进行性能比较;温立等[134]在无线传感器网络多跳拓扑结构下,提出了一种锚节点误差与测距误差结合的克拉美罗估计,获得很好的定位精度;Yu 等[135]提出了一种基于距离和角度测量相结合的三维克拉美罗估计算法,很好地评估了真实环境锚节点存在误差情况下目标的三维定位精度;Wen 等[136]提出了基于 TOA/AOA 混合测量手段的定位精度估计方法,并与 CRLB 下限结果进行了比较。Tichavsky 等[137]基于移动目标的运动状态估计和传感器测量,提出了一种基于后验克拉美罗的定位性能度量方法,无需对参量概率密度函数进行复杂的偏导求解,通过简单的递推可以获得较好的定位估计性能。

本章提出采用无线传感器网络对采煤机进行自主定位,基于无线节点间信号集和距离解算模型,建立了局域强信号与定位子空间的对偶映射,在此基础上推导包含测距误差和锚点误差的拓展克拉美罗下限方程,深入探讨无线测距误差、锚节点密度和锚节点基准坐标漂移方向等多因素对采煤机定位精度的影响,为链式无线传感器网络下采煤机精确定位提供理论与技术支撑。

4.2 采矿机群"三机"运动任务协调

4.2.1 采矿机群"三机"协同运动

采煤机、刮板输送机、液压支架构成的"三机"是综采工作面关键采矿设备,其相互协作配合以实现采煤机采煤、刮板输送机运煤和液压支架支护等功能。通常情况下,在一个综采工作面安装一台采煤机、一台刮板输送机以及若干架液压支架,采煤机、刮板输送机、液压支架沿采煤工作面进行布置,液压支架平行排列在采空区与煤壁之间,在采煤机截割煤壁过程中液压支架实现对采空区及时支护。图 4-1 为采矿机群"三机"协同运动示意图。

采矿机群在综采工作面协同运动,只有采煤机和液压支架能主动动作。采煤机由牵引电机驱动进而截割煤壁,由于煤层以及底板的起伏变化,通过控制摇臂高度来调整截割滚筒的高度,分别由前后滚筒负责割煤和清理底板的任务。采煤机骑在刮板输送机的溜槽上,采煤机下部齿轮与刮板输送机上的

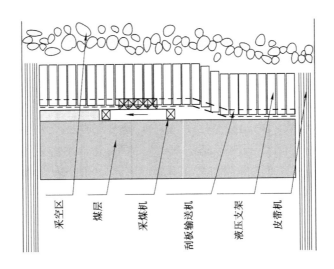

图 4-1 采矿机群"三机"协同运动示意图

齿条啮合,通过电牵引装置沿刮板输送机溜槽进行循环往复运动;而刮板输送机沿着煤壁进行布置,将采煤机截割的煤运送到顺槽中,刮板输送机由液压支架推移千斤顶推溜而沿工作面推进方向移动,同时液压支架能够及时支护采煤机采空后的顶板,继而保证采矿机群生产安全。综采工作面的基本采煤工艺流程为:采煤机截割—拉移液压支架—推溜刮板输送机或采煤机截割—推溜刮板输送机—拉移液压支架。

4.2.2 采煤机定位下液压支架跟机

通常在综采工作面需要布置 100~150 架液压支架,以乳化液泵站的高压液体作为动力,利用液控系统完成液压支架及附属装置的支撑、降柱、移动、推溜及防护等动作。由于液压支架的动作需要考虑多个约束关系,对单台液压支架的动作进行研究没有意义,因此需要建立多台液压支架跟机自动化的模型。在综采工作面实际运行过程中,以液压支架群中任意一台为基准,其两边相邻连续的多台液压支架由于需要协作执行某一动作而被编入同组,当液压支架控制系统对其发出指令后,从该组液压支架的起始架开始按照设定的程序动作在组内逐架传递,直到该组液压支架的末架完成整个指令动作[138]。操作者通过液压支架控制系统发出控制指令,对支架动作、支架位置、架数及支架动作方向等进行控制,完成对综采工作面液压支架的邻架控制、成组自动控制、就地闭锁、紧急停止等操作。

在液压支架、采煤机以及刮板输送机中,采煤机的位置、行驶方向以及速度等是液压支架进行移架动作的基准,同时是液压支架跟机自动化的参数之一。对采煤机实时位置进行检测,基于采煤机运行方向和位置,液控系统获得采煤机机身中心位置处液压支架的编号,对其相邻的多台液压支架发出对应的控制指令,该组液压支架按照预定的程序完成降柱、移架、升柱、推溜、伸降前梁、伸收护帮板等动作。所有液压支架动作被编成程序写入支架控制器中,当一台液压支架完成所有动作后,相邻支架继续执行相应动作,液压支架的工作按照程序自动运行。液压支架控制系统是基于采煤机位置来触发液压支架动作的,在实际综采工作面自动化截割过程中,当前后相邻时刻获得采煤机位置差值超过一定范围后,需要操作者对采煤机位置进行人工检测并进行调整更新,如图 4-2 所示。

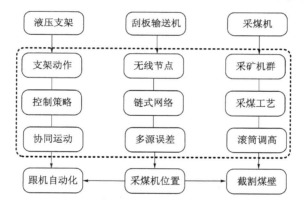

图 4-2　采煤机位置下液压支架跟机自动化示意图

因此采煤机运行方向和实时位置作为液压支架跟机自动化的关键参数,是液压支架工作规则的依据。无论采煤机以向左或向右牵引运行到任何位置,均以其中心位置对应的液压支架为参照,相邻液压支架均按照预先设定的程序进行动作。

令采煤机牵引方向为 q,则定义如下[139]:

$$q = \begin{cases} 1 \\ -1 \end{cases}$$

$q = 1$ 为采煤机向右牵引;$q = -1$ 为采煤机向左牵引 　　　　(4-1)

采煤机机身中心处位置为 P,则采煤机前滚筒位置 P_f 和后滚筒位置 P_b 分别为

$$
\begin{cases}
P_f = P + q \cdot \text{int} \left| \left(\dfrac{L_o + r_d}{2} + L_b \cos(\gamma_f) \right) / D_a \right| \\[3mm]
P_b = P - q \cdot \text{int} \left| \left(\dfrac{L_o + r_d}{2} + L_b \cos(\gamma_b) \right) / D_a \right|
\end{cases}
\tag{4-2}
$$

式中　L_o——两摇臂中心距;

　　　r_d——采煤机滚筒直径;

　　　L_b——摇臂的长度;

　　　γ_f——前摇臂与水平面的夹角;

　　　γ_b——后摇臂与水平面的夹角。

如图 4-3 所示,采煤机从左向右截割煤壁,液压支架在距离采煤机尾部 D_o 处对刮板输送机进行推溜动作,通过检测采煤机位置来控制 D_o 保持在液压支架操作规程所要求的 $12\sim15$ m 之间。液压支架向前推溜刮板输送机进行及时支护,使得刮板输送机会弯曲一定角度(α_d 为 $2°\sim4°$,取 $\alpha_d = 4°$),液压支架推溜一个截割 D_b 为 $0.8\sim1$ m(在此取 $D_b = 1$ m),两液压支架的中心间距 D_a 为 1.5 m,则推溜段的液压支架的数目 N 为

$$
N = \frac{D_b}{D_a \times \tan \alpha_d} \approx 8
\tag{4-3}
$$

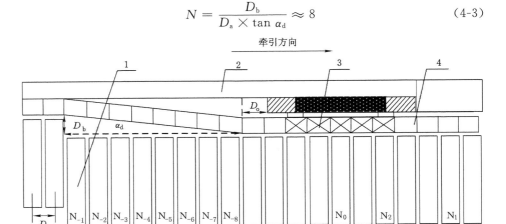

图 4-3　液压支架跟机自动化模型

1——液压支架;2——煤壁;3——采煤机;4——刮板输送机

　　因此,一般执行推溜动作的液压支架为 8～10 架。由于刮板输送机弯曲角度保持不变,液压支架的推移千斤顶推刮板输送机中部槽时,其推溜过程需要支架进行定量推溜。

　　图 4-3 为液压支架的动作规则示意图,分析了综采中间段液压支架跟机自动化模型。令采煤机机身中心位置所对应的液压支架编号为 N_0,以此为基准左右相邻的液压支架进行相关的推溜以及移架等动作;采煤机前滚筒所对应的液压支架编号为 N_1,执行护帮板收回动作防止前滚筒截割护帮板;前滚筒后一组液压支架编号为 N_2,执行移架复合动作;采煤机后滚筒的一组液压支架编号为 N_{-1}～N_{-8},执行定量推溜刮板输送机运动,并及时支护新暴露的顶板。以推溜段液压支架 8 架为例,由于要使刮板输送机的弯曲角度满足要求,每台液压支架推溜 1/8 个截深[139]。通过液压支架推溜 1/8 个截深所用时间与采煤机移动一个液压支架所用时间进行比较,当液压支架推溜时间大于采煤机移动时间时,此时采煤机牵引速度过快而对应液压支架没有推溜到位;当液压支架推溜时间等于采煤机移动时间时,此时采煤机移动到相邻液压支架时而液压支架正好推溜到位;当液压支架推溜时间小于采煤机移动时间时,此时液压支架已经推溜到位而等待采煤机移动到相邻液压支架,以此类推直到完成整个动作过程。

　　如图 4-4 所示,以采煤机截割滚筒前顶后底为例,即前滚筒沿煤壁的顶板进行截割,后滚筒沿底板进行截割,不同编号 N_i 液压支架所执行的动作 Q_i 可以表示为[140]:

$$N_i \leftrightarrow Q_i, i = -8, -7, \cdots, -1, 0, 1, 2 \tag{4-4}$$

式中:$Q_2 \leftrightarrow N_2$,第 N_2 号液压支架执行收护帮板动作;

　　$Q_1 \leftrightarrow N_1$,第 N_1 号液压支架执行移架复合动作;

　　$Q_{-1} \leftrightarrow N_{-1}$,第 N_{-1} 号液压支架开始执行推溜 1/8 行程的动作;

　　$Q_{-2} \leftrightarrow N_{-2}$,第 N_{-2} 号液压支架执行推溜 2/8 行程的动作;

　　$Q_{-3} \leftrightarrow N_{-3}$,第 N_{-3} 号液压支架执行推溜 3/8 行程的动作;

　　$Q_{-4} \leftrightarrow N_{-4}$,第 N_{-4} 号液压支架执行推溜 4/8 行程的动作;

　　$Q_{-5} \leftrightarrow N_{-5}$,第 N_{-5} 号液压支架执行推溜 5/8 行程的动作;

　　$Q_{-6} \leftrightarrow N_{-6}$,第 N_{-6} 号液压支架执行推溜 6/8 行程的动作;

　　$Q_{-7} \leftrightarrow N_{-7}$,第 N_{-7} 号液压支架执行推溜 7/8 行程的动作;

　　$Q_{-8} \leftrightarrow N_{-8}$,第 N_{-8} 号液压支架执行推溜 8/8 行程的动作。

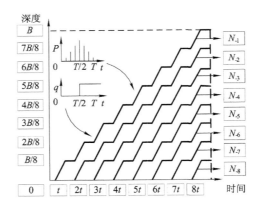

图 4-4　液压支架动作规则的顺序图

由于液压支架不仅需要对采煤机采空区的顶板进行及时支护,同时需要实现自移以及对刮板输送机的推溜,完成升架、降架、推溜及移架四个基本动作。对于不同的综采工作面采煤工艺,采煤机牵引方向及位置与液压支架间动作的规则是不一样的。

以综采工作面割三角煤右端头斜切进刀为例,首先采煤机左滚筒截割低煤而右滚筒截割顶煤,当采煤机到达右端头时停止向右牵引,此时保持采煤机位置不变对其左端液压支架执行定量推溜,达到行程距离后保持采煤机和液压支架状态不变;其次,调整左右滚筒位置,升起左滚筒而降低右滚筒,沿刮板输送机弯曲度段斜切进刀截割煤壁直到切入一个截深,液压支架推溜刮板输送机使得刮板输送机调直;降低左滚筒,升起右滚筒,采煤机反向右牵引回割三角煤,同时液压支架执行移架和定量推溜动作,直到液压支架与刮板输送机水平,采煤机完成三角煤的截割;继而,再次调整左右滚筒位置,升起左滚筒而降低右滚筒,空刀左牵引加速返回煤壁切口处继而正常截割煤壁。

4.3　采煤机无线传感器网络分布式定位

综采工作面采矿机群"三机"联动控制规则是采矿机群需要根据设备与设备、设备与环境间的约束关系,按照特定的采煤工艺执行特定的动作。"三机"具体动作受诸多因素的影响,包括内在因素和外在因素,不能盲目地随意动作。采矿机群动作规则解决的是综采"三机"具体该怎么动、什么时候执行什么样的动作的问题。采煤机作为煤炭开采的核心设备,原则上应以其动作为依据,因采煤机牵引方向和牵引速度决定了其在综采工作面的位置。采煤机的实时位置,决定了机身中心处所对应的液压支架的编号,使得对应液压支架执行不同的动作,同时基于采煤机的位置进行自适应调节截割滚筒的高度,保证采矿机群"三机"协同运动,实现综合机械化采煤[139]。因此,通过检测采煤机当前位置和方向,根据采煤机位置进行自动调高和液压支架跟机,为实现综采工作面自动化提供技术支持。

4.3.1　采煤机三维坐标系建立

以刮板输送机为导轨,通过采煤机牵引电机驱动行走齿轮,行走齿轮与刮板输送机齿条进行啮合,使得采煤机能够骑在刮板输送机上进行往复运动。其行走轨迹与刮板输送机齿条布置轨迹重合,可定义采煤机机身三维坐标系为[141]:以采煤机沿工作面截割方向为 x 轴正方向,反之为 x 轴负方向;以采煤机沿工作面推进方向为 y 轴正方向,反之为 y 轴负方向;垂直于 xy 平面且以重力加速度反方向为 z 轴正方向,重力加速度方向为 z 轴负方向,建立综采工作面三维坐标系。

由图 4-5 可知,采煤机是沿着刮板输送机运行的,因此煤层底板的地质状况以及液压支架的推溜决定了采煤机的运行轨迹,可用 x 轴、y 轴以及 z 轴三个方向上的坐标表示,对应为采煤机沿工作面牵引方向、沿工作面推进方向以及高度方向。采煤机截割煤壁运动使得沿工作面牵引方向即 x 轴方向坐标发生变化,液压支架跟机自动化以及基于记忆截割技术下的滚筒自适应调高等都需要应用 x 轴坐标;液压支架的推溜使得刮板输送机沿工作面推进方向进行了移动,使得采煤机 y 轴坐标发生变化;同时,由于煤层底板地质条件的不

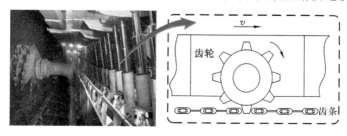

图 4-5　采煤机定位坐标系及牵引示意图

同,采煤机运行过程中总是在一定坡度的底板上运行,进而形成了采煤机在高度方向 Z 上的运动。

4.3.2   采矿机群下无线节点部署模型

图 4-6 所示为采煤机无线传感器网络定位示意图。综采工作面由采煤机、多台液压支架以及刮板输送机组成。采煤机机身部署一个移动节点,而每台液压支架上部署一个锚节点,采煤机牵引运动过程中其移动节点能够与其通信范围内的锚节点进行通信,结合综采工作面环境信息并通过一定的定位算法解算确定采煤机的位置,以此采煤机位置作为液压支架跟机自动化的基础。

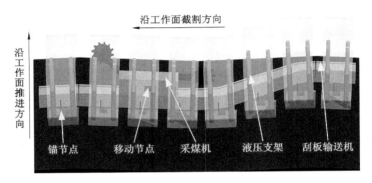

图 4-6   采煤机无线传感器网络定位示意图

4.3.3   采矿机群下无线定位误差源

采煤机、液压支架以及刮板输送机三机协同运动构成窄长的三维封闭空间,综采工作面复杂、动态、不确定性等因素容易给采煤机无线传感器网络定位造成诸多不确定问题,如图 4-7 所示,主要表现为:

(1)恶劣环境的动态变化。综采工作面受到诸多因素如瓦斯、突水、粉尘、机电噪声、振动等的影响,并且随着开采进度其空间不断变化,是一个动态变化的时变空间。

(2)网络拓扑结构的不确定性。网络拓扑结构是无线传感器的通信平台。根据综采工作面的空间形状、采矿机群空间位置的情况分析,综采工作面的网络拓扑结构不同于其他一些常见的网络拓扑结构,其是一种链型结构,而

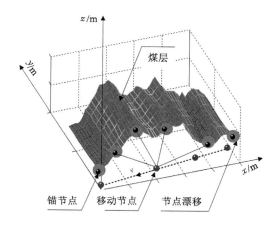

图 4-7 变化煤层厚度下采煤机无线定位

且这种拓扑结构表现为一种不确定性结构。环境的恶劣性常常使无线节点发生故障甚至失效,并且这种失效往往表现为一种随机性,从而导致网络拓扑结构随之发生变化,成为一种不确定的网络结构。

(3)采矿装备运动的不确定性:在综采工作面,液压支架推溜以及滚筒自适应调高等动作,均根据采煤机的位置而确定,因此采煤机位置检测是关键。由于煤矿井下工作环境复杂恶劣且综采工作面煤岩性状多变,采煤机由于受到各种扰动其运动状态发生改变,采煤机的加速度、速度以及位置等运动参数难以准确测量,表现出采煤机运动的不确定性。

(4)锚节点位置的不确定性:无线传感器网络定位方法是采用液压支架上锚节点来对采煤机上移动节点进行位置定位,锚节点的位置是否准确对移动节点的定位准确性影响极大。目前已有的无线定位方法都是假定锚节点的位置是已知的、准确的,但是由于刮板输送机推进存在下滑上窜导致液压支架倾斜,安装在液压支架上锚节点横坐标和纵坐标位置相对初始标定位置发生偏移;而煤层具有一定倾角,使锚节点的高度坐标与初始标定位置发生偏移,同时综采工作面的动态变化,导致锚节点的位置不准确,也就是说锚节点的位置表现出不确定性。采煤机的运动方式存在不确定性以及信号容易受到干扰等,使综采工作面的无线信号存在不确定性,同时安装在液压支架上的锚节点基准坐标在三机联动过程中发生漂移,进一步增大了无线信号的不确定性。

以综采工作面采矿机群中的核心设备采煤机为研究对象,在采煤机上安装移动节点,而在液压支架顶梁下安装锚节点,随着采煤机的截割煤壁运动,采煤机上的移动节点会接收到来自液压支架锚节点发射的无线信号,结合无线信号域与位置空间域的对偶映射,获得采煤机在无线传感器网络下的位置,如图 4-8 所示。

定位:多源误差下采煤机无线三维定位精度 CRLB 研究

$\langle \tilde{p}, \tilde{r}, \tilde{\psi}, \sigma \rangle // \tilde{p}, \tilde{r}$ 和 $\tilde{\psi}$ 为无线测量信号,σ 为采煤机定位误差。

Task 液压支架跟机自动化
  1. 确定液压支架工作规则 Q;
  2. 确定液压支架移动方向 $q = \pm 1$;
  3. 调用采煤机定位;
  4. 执行液压直接动作 $Q_i \Leftrightarrow K_i$;
Task 采煤机定位
  5. When 无线节点部署及网络构建完成 do
  6. 多源无线传感信号 $\tilde{p}, \tilde{r}, \tilde{\psi}$;
  7. 比较 RSSI/TOA/AOA 下采煤机定位精度;
  8. 比较节点部署高度变化下采煤机定位精度;
  9. 比较误差锚节点下采煤机定位精度;
  10. End
  11. 搭建采矿机群三机定位实物模型;
  12. 验证所提采煤机定位算法性能;

图 4-8   采煤机定位下液压支架跟机自动化流程

4.4   多源误差下采煤机定位精度研究

4.4.1   RSSI/TOA/AOA 下 CRLB 分析

采煤机上移动节点理论坐标为 $m_o = [x_o, y_o, z_o]^T$,令每台液压支架上锚节点坐标为 $a_i^o = [x_i^o, y_i^o, z_i^o]^T$,则液压支架上所有的锚节点坐标写成矩阵的形式为 $a = [a_1^{oT}, a_2^{oT}, \cdots, a_i^{oT}, \cdots, a_g^{oT}], i = 1, 2, \cdots, g$。利用无线信号强度指示集 $\tilde{p}$、无线信号到达时间 $\tilde{r}$ 以及无线信号到达角度 $\tilde{\psi}$ 等多源无线信号,可以得到采煤机上移动节点与液压支架上锚节点几何距离,可以写成 $\upsilon = [\tilde{p}^T, \tilde{r}^T, \tilde{\psi}^T]^T$,则概率密度函数为[142]

$$p(\upsilon \mid m_o) = \frac{10/\lg 10}{\sqrt{2\pi\sigma_{dB}^2}} \frac{1}{p_{io}} \exp\left[-\frac{1}{8} b \left(\lg \frac{d_{io}^2}{\tilde{d}_{io}^2}\right)^2\right] \times$$

$$\frac{1}{\sqrt{2\pi\sigma_t^2}}\exp\left(-\frac{1}{2\sigma_t^2}(\widetilde{r}-r)\right)\times$$

$$\frac{1}{\sqrt{2\pi\sigma_\psi^2}}\exp\left(-\frac{1}{2\sigma_\psi^2}(\widetilde{\psi}-\psi)\right) \tag{4-5}$$

式中，p_{io} 为通信半径内接收功率 $40\sim95$ dBm；分辨率为 0.5 dBm；d_{io} 为锚节点 i 与移动节点间距离；接收节点参考距离 $d_{ref}=1\,000$ mm；P_{ref} 为 d_{ref} 处的接收功率为 42.5 dBm，n_p/σ_{dB} 之比为 2；b 为 $\left(\dfrac{10n_p}{\sigma_{dB}\lg 10}\right)^2$；到达时间测量误差 σ_t 为 1.5；角度测量误差 σ_ψ 为 $5°$。

CRLB 为移动节点坐标 m_o 无偏估计量提供了方差下界，其可以通过求解 FIM(Fisher Information Matrix)的逆得到：

$$I(\upsilon)=-E\,\nabla_{m_o}\left(\nabla_{m_o}\ln p(\upsilon\mid m_o)\right)=\begin{bmatrix}I_{xx}&I_{xy}&I_{xz}\\I_{xy}&I_{yy}&I_{yz}\\I_{xz}&I_{yz}&I_{zz}\end{bmatrix}$$

$$=\begin{bmatrix}I_{xx}^p&I_{xy}^p&I_{xz}^p\\I_{xy}^p&I_{yy}^p&I_{yz}^p\\I_{xz}^p&I_{yz}^p&I_{zz}^p\end{bmatrix}+\begin{bmatrix}I_{xx}^r&I_{xy}^r&I_{xz}^r\\I_{xy}^r&I_{yy}^r&I_{yz}^r\\I_{xz}^r&I_{yz}^r&I_{zz}^r\end{bmatrix}+\begin{bmatrix}I_{xx}^\varphi&I_{xy}^\varphi&I_{xz}^\varphi\\I_{xy}^\varphi&I_{yy}^\varphi&I_{yz}^\varphi\\I_{xz}^\varphi&I_{yz}^\varphi&I_{zz}^\varphi\end{bmatrix} \tag{4-6}$$

则对应每个分量可以表示为

$$I_{xx}=-E\left[\frac{\partial^2\upsilon}{\partial x_o\partial x_o^T}\right]$$

$$=\sum_{i=1}^g\frac{b}{2}\left[\frac{-d_{io}^2+2x_{io}^2}{d_{io}^4}\lg\frac{d_{io}^2}{\widetilde{d}_{io}^2}-\frac{x_{io}^2}{d_{io}^4}\right]+\sum_{i=1}^g\frac{1}{\sigma_t^2}\frac{x_{io}^2}{(r_o^i)^2}+\sum_{i=1}^g\frac{x_{io}^2z_{io}^2}{\sigma_\psi^2(r_o^i)^4(\lambda_o^i)^2} \tag{4-7}$$

$$I_{xy}=-E\left[\frac{\partial^2\upsilon}{\partial x_o\partial y_o^T}\right]$$

$$=\sum_{i=1}^g\frac{b}{2}\left[\frac{-d_{io}^2+2x_{io}y_{io}}{d_{io}^4}\lg\frac{d_{io}^2}{\widetilde{d}_{io}^2}-\frac{x_{io}y_{io}}{d_{io}^4}\right]+\sum_{i=1}^g\frac{1}{\sigma_t^2}\frac{x_{io}y_{io}}{(r_o^i)^2}+\sum_{i=1}^g\frac{x_{io}y_{io}z_{io}^2}{\sigma_\psi^2(r_o^i)^4(\lambda_o^i)^2} \tag{4-8}$$

$$I_{xz}=-E\left[\frac{\partial^2\upsilon}{\partial x_o\partial z_o^T}\right]$$

$$=\sum_{i=1}^g\frac{b}{2}\left[\frac{-d_{io}^2+2x_{io}z_{io}}{d_{io}^4}\lg\frac{d_{io}^2}{\widetilde{d}_{io}^2}-\frac{x_{io}z_{io}}{d_{io}^4}\right]+\sum_{i=1}^g\frac{1}{\sigma_t^2}\frac{x_{io}z_{io}}{(r_o^i)^2}+\sum_{i=1}^g\frac{x_{io}z_{io}}{\sigma_\psi^2(r_o^i)^4} \tag{4-9}$$

$$I_{yy} = -E\left[\frac{\partial^2 \upsilon}{\partial y_o \partial y_o^{\mathrm{T}}}\right]$$

$$= \sum_{i=1}^{g} \frac{b}{2}\left[\frac{-d_{io}^2 + 2y_{io}^2}{d_{io}^4}\lg\frac{d_{io}^2}{\widetilde{d_{io}^2}} - \frac{y_{io}^2}{d_{io}^4}\right] + \sum_{i=1}^{g}\frac{1}{\sigma_t^2}\frac{y_{io}^2}{(r_o^i)^2} + \sum_{i=1}^{g}\frac{y_{io}^2 z_{io}^2}{\sigma_\psi^2 (r_o^i)^4 (\lambda_o^i)^2} \quad (4\text{-}10)$$

$$I_{yz} = -E\left[\frac{\partial^2 \upsilon}{\partial y_o \partial z_o^{\mathrm{T}}}\right]$$

$$= \sum_{i=1}^{g} \frac{b}{2}\left[\frac{-d_{io}^2 + 2y_{io}z_{io}}{d_{io}^4}\lg\frac{d_{io}^2}{\widetilde{d_{io}^2}} - \frac{y_{io}z_{io}}{d_{io}^4}\right] + \sum_{i=1}^{g}\frac{1}{\sigma_t^2}\frac{y_{io}z_{io}}{(r_o^i)^2} + \sum_{i=1}^{g}\frac{y_{io}z_{io}}{\sigma_\psi^2 (r_o^i)^4} \quad (4\text{-}11)$$

$$I_{zz} = -E\left[\frac{\partial^2 \upsilon}{\partial z_o \partial z_o^{\mathrm{T}}}\right]$$

$$= \sum_{i=1}^{g} \frac{b}{2}\left[\frac{-d_{io}^2 + 2z_{io}^2}{d_{io}^4}\lg\frac{d_{io}^2}{\widetilde{d_{io}^2}} - \frac{z_{io}^2}{d_{io}^4}\right] + \sum_{i=1}^{g}\frac{1}{\sigma_t^2}\frac{z_{io}^2}{(r_o^i)^2} + \sum_{i=1}^{g}\frac{\lambda_o^{i2}}{\sigma_\psi^2 (r_o^i)^4} \quad (4\text{-}12)$$

式中：$x_{io} = x_i - x_o$，$y_{io} = y_i - y_o$，$z_{io} = z_i - z_o$，$x_{1o} = x_1 - x_o$，$y_{1o} = y_1 - y_o$，$z_{1o} = z_1 - z_o$，$\lambda_o^i = \sqrt{(x_i - x_o)^2 + (y_i - y_o)^2}$。

在锚节点坐标精确下，移动节点定位估计方差的克拉美罗界为

$$\sigma^2 = \mathrm{tr}\{\mathrm{cov}_\upsilon(\widetilde{x}_o, \widetilde{y}_o, \widetilde{z}_o)\} = \mathrm{var}_\upsilon(\widetilde{x}_o) + \mathrm{var}_\upsilon(\widetilde{y}_o) + \mathrm{var}_\upsilon(\widetilde{z}_o)$$

$$= [I(\upsilon)^{-1}]_{11} + [I(\upsilon)^{-1}]_{22} + [I(\upsilon)^{-1}]_{33} \quad (4\text{-}13)$$

(1) RSSI 下采煤机定位精度 CRLB 分析

为了更清晰地表现仿真结果，选取沿采煤机截割方向 3～6 m 区域内显示实验结果。从图 4-9 可以看出采用 RSSI 进行采煤机定位，采煤机定位精度平均 CRLB 值为 2.13，而其在 x,y 和 z 轴上的定位精度 CRLB 值为 1.26,0.43 和 0.44。这说明基于 RSSI 测距的采煤机无线定位其定位误差主要集中在沿采煤机截割方向，而在沿采煤机推进方向以及高度方向定位误差较小。同时，随着锚节点与移动节点间距增加，采煤机定位误差增加。因此在节点部署时应该尽量减小锚节点与移动节点间的垂直距离。当 RSSI 方法存在测距误差时，采煤机运行到两锚节点之间时沿采煤机截割方向的定位误差最小。

(2) TOA 下采煤机定位精度 CRLB 分析

采用 TOA 无线信号对采煤机进行定位，采煤机定位精度平均 CRLB 值为 2.43，三个方向上的定位精度 CRLB 值分别为 0.61,0.62 和 1.20，如图4-10所

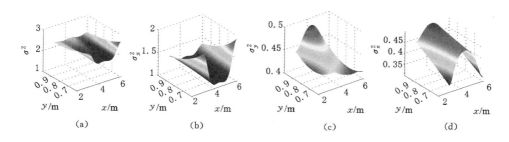

图 4-9　RSSI 下采煤机定位精度 CRLB 分析

(a) RSSI 下采煤机整体定位精度；(b) RSSI 下采煤机 x 轴定位精度；

(c) RSSI 下采煤机 y 轴定位精度；(d) RSSI 下采煤机 z 轴定位精度

示。这说明在链式网络拓扑结构下，采用 TOA 测距方法采煤机无线定位误差主要集中在高度方向上，在锚节点与移动节点之间水平距离最小时沿截割高度方向上采煤机具有最大 CRLB 值，为 1.75，反之，水平距离最大时具有最小 CRLB 值，为 0.82，其在截割高度方向上定位误差分量影响了采煤机整体定位误差分布规律。

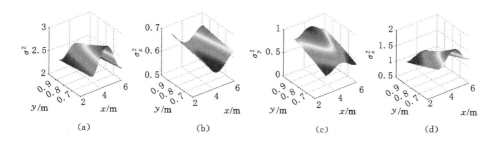

图 4-10　TOA 下采煤机定位精度 CRLB 分析

(a) TOA 下采煤机整体定位精度；(b) TOA 下采煤机 x 轴定位精度；

(c) TOA 下采煤机 y 轴定位精度；(d) TOA 下采煤机 z 轴定位精度

（3）AOA 下采煤机定位精度 CRLB 分析

采用 AOA 无线测距方法进行采煤机定位，采煤机平均 CRLB 值为 0.98，其在 x，y 和 z 轴上的定位精度 CRLB 值分别为 0.24，0.67 和 0.07，在沿采煤机截割方向和高度方向上具有较小的定位误差，如图 4-11 所示。在沿采煤机推进方向具有较大的定位误差，y 轴定位误差的最大 CRLB 值和最小 CRLB

值为 1.88 和 0.03,其在 y 轴的定位误差分布规律决定了采煤机整体定位误差分布规律。

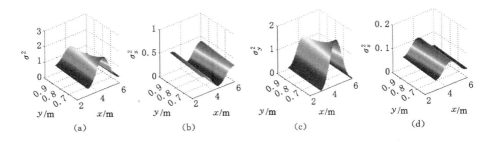

图 4-11　AOA 下采煤机定位精度 CRLB 分析

(a) AOA 下采煤机整体定位精度;(b) AOA 下采煤机 x 轴定位精度;

(c) AOA 采煤机 y 轴定位精度;(d) AOA 下采煤机 z 轴定位精度

(4) RSSI/TOA/AOA 下采煤机定位精度 CRLB 分析

由于采用 RSSI,TOA 以及 AOA 三种不同的测距方法,其在沿采煤机截割方向、采煤机推进方向以及采煤机高度方向上的定位误差分布规律不同,因此需要研究 RSSI/TOA/AOA 三种测距方法联合下对采煤机定位精度的影响。从图 4-12 可以看出,采用三种无线测距方法联合对采煤机进行定位时,其平均 CRLB 值为 0.38,较单纯采用 RSSI,TOA 或者 AOA 测距方法其定位精度分别提高了 83%,85% 及 61%,说明多种无线信号能够有效提高采煤机定位的精度。从图 4-12 中可以看出,采煤机无线传感器网络定位是通过不同锚节点与移动节点间无线信号解算实现的,在链式网络上无累积误差,整体上

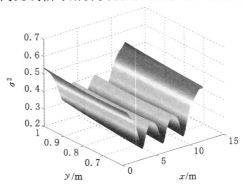

图 4-12　RSSI,TOA 以及 AOA 协同下采煤机定位精度 CRLB 分析

呈现较好的定位稳定性。

（5）节点部署高度变化下采煤机定位精度 CRLB 分析

由于液压支架上锚节点可以部署在不同高度位置上，图 4-13 表明了液压支架上锚节点与采煤机上移动节点间垂直距离变化情况下采煤机定位精度的变化规律。当其垂直距离从 $0.6\ \text{m}, 0.9\ \text{m}, 1.2\ \text{m}$ 增加到 $1.5\ \text{m}$ 时，采煤机定位精度 CRLB 值从 $0.58, 0.38, 0.32$ 减少为 0.29。这说明调整锚节点与移动节点间的垂直距离，能够优化采煤机定位精度。

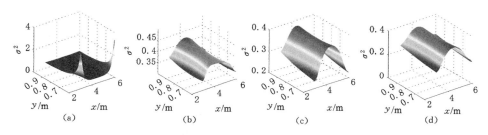

图 4-13　节点间部署高度变化下采煤机定位精度 CRLB 分析

(a) $z_h = 0.6\ \text{m}$；(b) $z_h = 0.9\ \text{m}$；(c) $z_h = 1.2\ \text{m}$；(d) $z_h = 1.5\ \text{m}$

4.4.2　误差锚节点下采煤机 CRLB 分析

如图 4-14 所示，在综采工作面中，由于采煤机的运动和工作面的推进无线网络呈现移动链式的拓扑结构。当进行第 j 次截割循环时，刮板输送机推进存在下滑上窜导致液压支架倾斜，使安装在液压支架上锚节点横坐标和纵坐标位置相对初始标定位置发生偏移；同时煤层具有一定倾角，使锚节点的高度坐标与初始标定位置发生偏移。因此，锚节点 a_i 实际三维坐标可以表示为

$$\begin{cases} x_i = (i-1)d_H + e_{xi}, & i = 1,2,\cdots,g \\ y_i = y_{hi}j + e_{yi}, & j = 1,2,\cdots,m_{\text{cut}} \\ z_i = z_{hi} + e_{zi} \end{cases} \qquad (4\text{-}14)$$

式中　d_H——两液压支架间的中心间距；

　　　$i = 1,2,\cdots,g$——锚节点数目；

　　　e_{xi}——锚节点沿工作面截割方向的基准误差；

　　　y_{hi}——采煤机上移动节点与液压支架锚节点间的距离；

　　　$j = 1,2,\cdots,m_{\text{cut}}$——采煤机第 j 次截割循环；

e_{yi}——锚节点沿工作面推进方向的基准误差；

z_{hi}——液压支架上锚节点离底板的高度；

e_{zi}——锚节点煤层厚度方向的基准误差。

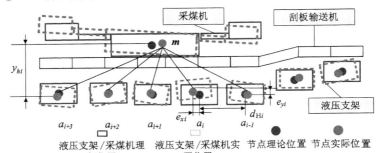

图 4-14 采矿机群 CWSN 不确定锚节点

由于综采工作面无线传感器网络中锚节点的基准位置具有不确定性，需要将带有误差的锚节点坐标引入到 FIM 中。令 $\upsilon_m = \left[\tilde{r}_{i,1}^{\mathrm{T}}, \tilde{\psi}^{\mathrm{T}}, \tilde{a}^{\mathrm{T}}\right]^{\mathrm{T}}$ 和 $s_o = \left[m_o, a_o\right]^{\mathrm{T}}$，利用经典的 CRLB 方法进行包含锚节点参数的建模，可得[143]

$$\ln(p(\upsilon_m \mid s_o)) = K - \frac{1}{2}\,(\tilde{r}_{i,1} - r_{i,1})^{\mathrm{T}} Q_t^{-1}\,(\tilde{r}_{i,1} - r_{i,1}) -$$

$$\frac{1}{2}\,(\tilde{\psi}_i - \psi_i)^{\mathrm{T}} Q_\psi^{-1}\,(\tilde{\psi}_i - \psi_i) -$$

$$\frac{1}{2}\,(\tilde{a}_i - a_i)^{\mathrm{T}} Q_a^{-1}\,(\tilde{a}_i - a_i) \tag{4-15}$$

CRLB 为参数估计提供方差下界，可以表示为 $\mathrm{cov}(\tilde{s}_o) \geqslant I(s_o)^{-1}$，因此有

$$I(\upsilon_m) = -E\,\nabla_{s_o}(\nabla_{s_o} \ln p(\upsilon_m \mid s_o)) = \begin{bmatrix} X_E & Y_E \\ Y_E^{\mathrm{T}} & L_E \end{bmatrix} \tag{4-16}$$

则 X_E，Y_E 和 L_E 可以表示为

$$X_E = -E\left[\frac{\partial^2 \upsilon}{\partial m_o \partial m_o^{\mathrm{T}}}\right] = \left(\frac{\partial r_{i1}^o}{\partial m_o}\right)^{\mathrm{T}} Q_t^{-1}\left(\frac{\partial r_{i1}^o}{\partial m_o}\right) + \left(\frac{\partial \psi_i^o}{\partial m_o}\right)^{\mathrm{T}} Q_\psi^{-1}\left(\frac{\partial \psi_i^o}{\partial m_o}\right)$$
$$\tag{4-17}$$

$$Y_E = -E\left[\frac{\partial^2 \upsilon}{\partial m_o \partial a_o^{\mathrm{T}}}\right] = \left(\frac{\partial r_{i1}^o}{\partial m_o}\right)^{\mathrm{T}} Q_t^{-1}\left(\frac{\partial r_{i1}^o}{\partial a_o}\right) + \left(\frac{\partial \psi_i^o}{\partial m_o}\right)^{\mathrm{T}} Q_\psi^{-1}\left(\frac{\partial \psi_i^o}{\partial a_o}\right)$$
$$\tag{4-18}$$

$$L_E = -E\left[\frac{\partial^2 \upsilon}{\partial a_o \partial a_o^{\mathrm{T}}}\right] = Q_a^{-1} + \left(\frac{\partial r_{i1}^o}{\partial a_o}\right)^{\mathrm{T}} Q_t^{-1} \left(\frac{\partial r_{i1}^o}{\partial a_o}\right) + \left(\frac{\partial \psi_i^o}{\partial a_o}\right)^{\mathrm{T}} Q_\psi^{-1} \left(\frac{\partial \psi_i^o}{\partial a_o}\right)$$

$$(4-19)$$

式中：

$$\left(\frac{\partial r_{i1}^o}{\partial m_o}\right) = \left[\frac{m_o - a_i}{\parallel a_i - m_o \parallel}\right]$$

$$\left(\frac{\partial \psi_i^o}{\partial m_o}\right) = \left[\frac{x_{io} z_{io}}{\parallel a_i - m_o \parallel^2 \lambda_o^i} \quad \frac{y_{io} z_{io}}{\parallel a_i - m_o \parallel^2 \lambda_o^i} \quad -\frac{\lambda_o^i}{\parallel a_i - m_o \parallel^2}\right]$$

$$\left(\frac{\partial r_{i1}^o}{\partial a_o}\right) = \left[\underbrace{0}_{1\times 3(i-1)}, \frac{a_i - m_o}{\parallel a_i - m_o \parallel}, \underbrace{0}_{1\times 3(g-i)}\right]$$

$$\left(\frac{\partial \psi_i^o}{\partial a_o}\right) = \left[\underbrace{0}_{1\times 3(i-1)}, \frac{-x_{io} z_{io}}{\parallel a_i - m_o \parallel^2 \lambda_o^i}, \frac{-y_{io} z_{io}}{\parallel a_i - m_o \parallel^2 \lambda_o^i}, \frac{\lambda_o^i}{\parallel a_i - m_o \parallel^2}, \underbrace{0}_{1\times 3(g-i)}\right]$$

采用 TDOA 和 AOA 测距方法，在锚节点基准坐标具有误差情况下，采煤机上移动节点定位估计方差的克拉美罗界为

$$\sigma^2 = \left[I(\upsilon_m)^{-1}\right]_{11} + \left[I(\upsilon_m)^{-1}\right]_{22} \tag{4-20}$$

（1）误差锚节点数目变化下采煤机 TDOA/AOA 定位精度 CRLB 分析

从图 4-15 中可以看出，当锚节点数量从 4，5，6 增加到 7 时，采煤机定位精度平均 CRLB 值分别为 0.76，0.69，0.64 和 0.61，采煤机定位误差随着锚节点的增加而逐渐减少。在锚节点基准坐标存在误差的情况下，增加锚节点的数量仍然能够提高采煤机的定位精度。因为锚节点基准误差总是被限定在一个小范围内，而且在移动节点定位有效通信半径内的锚节点间测距误差很小，因

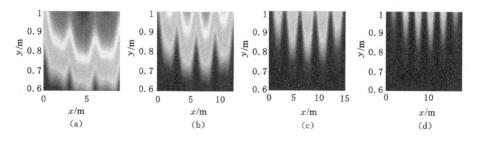

图 4-15　误差锚节点数目变化下采煤机 TDOA/AOA 定位精度 CRLB 分析

(a)$g=4$；(b)$g=5$；(c)$g=6$；(d)$g=7$

此在定位有效通信半径内增加锚节点数量能够提高采煤机定位精度。

（2）误差锚节点下采煤机 TDOA/AOA 定位精度 CRLB 分析

从图 4-16 中可以看出，由于采煤机无线传感器网络定位是通过多个锚节点与移动节点间 TDOA/AOA 无线信号实现的，其定位精度 CRLB 值为0.69，在定位空间上无累积误差；随着锚节点与移动节点间距从 0.6 m 增加到1.0 m 时，采煤机定位精度 CRLB 值从 0.61 增加到 0.77。因此在采用 TDOA/AOA 联合定位方法时，节点部署应该尽量减少锚节点与移动节点间的垂直距离。采煤机无线定位误差主要是由于测距误差引起的。

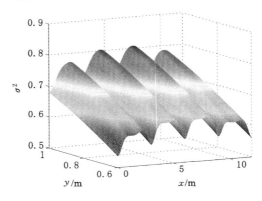

图 4-16　误差锚节点下采煤机 TDOA/AOA 定位精度 CRLB 分析

以三机模型为测试平台，采用无线节点作为测试节点，由两节五号干电池供电，其中 CC2431 作为移动节点布置在采煤机上，CC2430 作为锚节点布置在液压支架上，将 CC2430 通过串口与基站笔记本电脑直接相连，进行锚节点漂移下采煤机定位实验。

采煤机移动速度为 1 m/s，移动节点与锚节点间垂直距离 h 为 400 mm，移动节点距离刮板输送机底部距离 z_1 为 600 mm，两锚节点间水平距离 d_H 为 1 200 mm，锚节点离底板距离 z_0 分别为 15，0，15，0，0 mm，横坐标误差 e_{xi} 为 [-100，100] mm，纵坐标误差 e_{yi} 为 [-50，50] mm，高度坐标误差 e_{zi} 为 0 mm。定位有效通信半径 R_e 为 5 m，其对应接收功率均方差 σ_{dB} 为 1 dB，其余条件参考定位仿真测试条件。实验室移动无线传感器网络下采煤机定位精度测试场景图如图 4-17 所示。

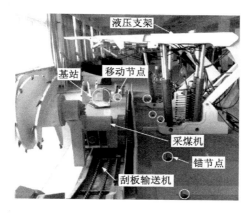

图 4-17　实验室环境测试场景示意图

从图 4-18 可以看出,由于在实验室测试中三机模型尺寸均缩小,使得锚节点与移动节点间通信距离减少,从而减少了测距过程中的误差,提高了采煤机定位精度,且在定位区间上无累积误差;由于锚节点间距为 1 200 mm,相对增加了锚节点密度,同样能明显提高采煤机定位精度。当锚节点坐标出现基准正误差(+100,+50,0) mm,较负误差(-100,-50,0) mm 时定位误差减少

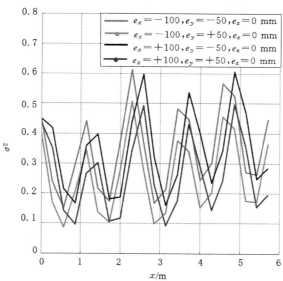

图 4-18　实验室环境下采煤机定位精度

25%;当锚节点基准误差为$(-100,+50,0)$ mm,较$(-100,-50,0)$ mm 时定位误差减少 23%。这说明当锚节点高度坐标无基准误差,沿采煤机截割方向基准误差 e_x 相同时,沿工作面推进方向锚节点基准存在正误差较负误差情况下采煤机定位精度高。

4.5　本章小结

　　本章研究了采矿机群三机协同运动,制定了液压支架跟机支护联动规则,搭建了采煤机自适应截割模型,同时基于采煤机空间运动学特征建立了采煤机空间坐标系。综采工作面采煤机、液压支架以及刮板输送机"三机"联动,形成了一个窄长的三维封闭空间情况下,分析了综采工作面复杂、动态以及不确定性等因素对无线信号的干扰,基于无线节点间信号集和距离解算模型,建立局域强信号集与定位空间域的对偶映射,以采矿机群在工作面运行约束确定锚节点在三维坐标上误差尺度,继而采用包含锚节点误差的拓展克拉美罗下限估计,研究了采煤机定位误差与锚节点不同布置方式和不同基准误差尺度间的变化规律。因此,无线测距精度是影响无线定位精度的关键因素,可以增加锚节点密度以及减少移动节点与锚节点间垂直距离,来减少采煤机定位误差。

5 SINS 与 CWSN 协同下采煤机稳健同步位姿跟踪

5.1 引 言

  无线传感器网络定位具有分布式的特点,在整个定位空间无累积误差。借助于无线传感器网络,可以实现采煤机的定位。但是考虑到无线信号在综采工作面复杂环境下传输,容易受到噪声、设备反射、非视距环境等干扰,要获得精确和稳健的采煤机定位输出,需要其他定位系统与采煤机无线定位进行组合。捷联惯导系统(Strapdown Inertial Navigation System,SINS)是利用采煤机截割煤壁过程中自身存在的惯性,选用惯性敏感元件,测量采煤机三轴角速度和三轴加速度,通过导航方程不断地推算可以得到采煤机连续的位置和姿态信息。

  针对煤矿封闭环境下运载体惯性导航定位,一些学者进行了初步的研究。方新秋等[144]通过分析采矿工况、运动轨迹等建立采煤机运动模型,得到采煤机在不同运动轨迹下的运动特征,研究了采用地图匹配算法进行采煤机惯性导航误差补偿,实验室的模拟实验结果显示定位导航系统能够得到较好的精度;吕振等[145]研究了基于捷联惯性导航的井下人员精确定位系统,提出利用无迹卡尔曼滤波算法对姿态信息进行最优估计,并采用射频路标对捷联惯导长时间导航下的累积误差进行修正;樊启高等[146]运用惯性导航对采煤机三维角速度值和加速度值进行采集,通过坐标变化将载体坐标系转化为导航坐标系,得到采煤机的姿态和位置数据,仿真结果显示捷联惯导能动态跟踪采煤机的位姿;Hainsworth 等[147]分析了综采装备的运动特征,采用惯性导航装置进行实时动态的定位,在澳大利亚煤炭协会的支持下在综采工作面开展了应用推广,在采煤机位姿测试方面取得很好的结果,对于提高煤矿安全具有重要的意义;Reid 等[148]在长壁煤炭开采过程中运用惯性导航装置跟踪采煤机的三维位姿,在此基础上设计了一个适合煤矿井下设备参数传输控制协议,为综采工作面自动化奠定了很好的基础;Schnakenberg 等[149]利用惯性导航来对综采工作面移动设备进行定位研究,通过实验测试证实惯性导航具有一定的实用性。

由于 SINS 属于短时精确定位,长时间运行过程中因 SINS 对加速度噪声的积分而具有累积误差,在室内或者煤矿等封闭环境下,考虑采用其他方法来对其位置累积误差进行校正。樊启高[150]采用模糊自适应 Kalman 技术,并建立 SINS/WSN 组合导航系统状态方程与量测方程,进行了采煤机组合导航系统的研究。其余涉及捷联惯导和无线传感器网络的组合,大多数应用在室内等封闭环境。Ascher 等[151]提出了基于 SINS/WSN 下室内人员定位模型,采用迭代卡尔曼滤波方法进行了位置解算,通过定制开发的步行发生器生成运动轨迹来验证了定位模型的有效性;Hol 等[152]在考虑多径和非视距环境下室内移动目标的精确定位,采用超宽带无线传感器网络与微机电惯性测量单元进行组合,并设计了一个多源参数下的耦合模型,形成了稳健和连续的室内移动目标定位跟踪系统;Jimenez 等[153]进行了室内环境 SINS/WSN 组合下人员定位研究,推导了基于卡尔曼滤波紧耦合模型来消除单纯 WSN 或者 SINS 所带来的测量误差,同时在室内人员身上安装相应的传感器进行测试获得很好的定位精度;Evennou 等[154]进行了此类基于 SINS/WSN 室内移动目标航位推算的研究,探讨了惯导参数和无线信号滤波处理后移动目标定位性能,并且与 SINS/WSN 联合定位性能进行了比较;Kauffman 等[155]提出了利用扩展卡尔曼滤波方法来实现惯性导航与无线信号联合定位,通过融合异构传感数据来增强定位系统性能,并与单纯的无线或者惯性导航定位进行了比较。

SINS/WSN 组合导航定位研究当前主要集中在智能滤波算法,但是 SINS 加速度传感器测量具有噪声,由于 SINS 累积误差使得长航时定位导航时,采用智能滤波算法 SINS/WSN 定位精度无法达到最佳。本章采用 SINS/CWSN 对采煤机进行协同定位时,研究了 SINS/CWSN 下采煤机位置自适应校准。由于采矿机群"三机"间具有动作约束,研究"三机"运动参量约束下的 SINS 解算,对于 SINS 与 CWSN 两种不同时间基准和解算频率的定位系统,需要考虑 SINS/CWSN 间时间匹配及其引起的位置误差,尤其是综采工作面采矿机群为复杂环境,为了实现采煤机稳健定位定姿态,需要研究 SINS 和

CWSN 失效时采煤机位置补偿校正。

5.2 采矿机群运动学及参数约束

5.2.1 采煤机运动学方程

在综采工作面中,采煤机骑在刮板输送机上,其采煤机质心坐标为 (x_G, y_G),其运动速度为 v_G,定位传感器坐标为 (x_M, y_M),采煤机相对于 x 轴偏转的偏航角为 α,如图 5-1 所示。采煤机运动学模型为[156]

$$\dot{P}_G = M_G(P_G)v_G = \begin{bmatrix} M_1(P_G) & M_2(P_G) \end{bmatrix} v_G = \begin{bmatrix} \cos\alpha & 0 \\ \sin\alpha & 0 \\ 0 & 1 \end{bmatrix} \begin{bmatrix} v_G \\ \dot{\alpha} \end{bmatrix} \quad (5\text{-}1)$$

式中　P_G——$(x_G, y_G, \alpha)^{\mathrm{T}}$;

　　　v_G——运动学变量 $(v_x^G, v_y^G, \alpha)^{\mathrm{T}}$。

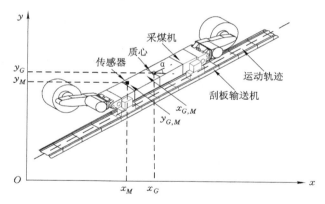

图 5-1　采煤机运动学建模

利用定位传感器对采煤机进行动态定位,方便采集参数等因素使得定位传感器不可能与采煤机质心重合,因此其定位传感器坐标与采煤机质心坐标转换矩阵为:

$$\begin{bmatrix} v_x^M \\ v_y^M \end{bmatrix} = \begin{bmatrix} v_x^G \\ v_y^G \end{bmatrix} - \dot{\alpha} \begin{bmatrix} y_{G,M} \\ x_{G,M} \end{bmatrix} \quad (5\text{-}2)$$

式中:采煤机质心与定位传感器横坐标之间的差值 $x_G - x_M$ 表示为 $x_{G,M}$;采煤机质心与定位传感器纵坐标之间的差值 $y_G - y_M$ 为 $y_{G,M}$。

基于采煤机动力学模型,当采煤机从 t 运动到 $t+1$ 时刻一个运动周期 Δt 内,其采煤机在 $t+1$ 时刻的位置为

$$P_G(t+1) = \begin{bmatrix} x_G(t+1) \\ y_G(t+1) \\ \alpha(t+1) \end{bmatrix} = \begin{bmatrix} x_G(t) + \Delta T v_G(t) \cos \alpha(t) \\ y_G(t) + \Delta T v_G(t) \sin \alpha(t) \\ \alpha(t) + \Delta T \dot{\alpha}(t) \end{bmatrix} \tag{5-3}$$

式中　$v_G(t) \cos \alpha(t)$——采煤机在 x 轴上的速度分量;

　　　$v_G(t) \sin \alpha(t)$——采煤机在 y 轴上的速度分量;

　　　Δt——运动时间。

在 xoy 平面内,采煤机实时位置用向量表示为

$$P_G(t+1) = [x_G(t+1), y_G(t+1), \alpha(t+1)]^T \tag{5-4}$$

5.2.2　采矿机群"三机"参数约束

采煤机在截割煤壁时,当采煤机运行到 a 后其前滚筒降低而后滚筒升高,沿 b 进行斜切进刀并完成一个割煤深度,采煤机升高前滚筒而降低后滚筒沿 c 割完三角煤,当采煤机割完机尾处煤壁后,再次降低前滚筒而升高后滚筒沿 d 完成一个割煤循环,如图 5-2 所示。从图 5-2 可以看出采煤机截割煤壁主要可以分为斜切进刀、回割三角煤和正常截割三个状态[157]。

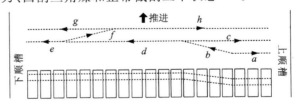

图 5-2　采煤机割煤路线

在式(5-4)中,采煤机运动学建模过程只考虑了其在 xoy 二维平面内的运动,但由于煤层赋存地质条件使得煤层底板会倾斜一定的角度,在 xyz 三维空间内采煤机运行俯仰角为 β,而在沿液压支架推溜方向总是也存在一定的倾斜角度即其横滚角为 φ,因此刮板输送机运行的底板不平整,使得采煤机在截割煤壁时其三维姿态角度为 (φ, β, α),如图 5-3 所示。

当前,综采工作面长度 l 为 200 m 左右,采煤机需要运行 l_b 为 22.5～30 m

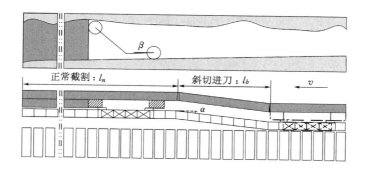

图 5-3 综采工作面采矿机群参数匹配

的距离完成斜切进刀,其在一定的速度下运行约 15 min;而采煤机正常割煤时运行距离 l_n,此时采煤机正常截割时牵引速度变化很小,全速割煤其牵引速度可达 6~12 m/min。采煤机从端头截割到端尾时,进入下一个割煤循环[157]。

在采煤机斜切刀时,由于采煤工艺使得采煤机位置、速度以及姿态角度的约束关系为:

$$\begin{cases} P_G\Big|_0^{t_b} = \left\{ \left(x_G\Big|_0^{t_b}, y_G\Big|_0^{t_b}, z_G\Big|_0^{t_b} \right) \Big| 0 \leqslant x_G\Big|_0^{t_b} \leqslant l_b, 0 \leqslant y_G\Big|_0^{t_b} \leqslant B, z_G\Big|_0^{t_b} \leqslant \left| l_b \tan\alpha \right| \right\} \\ \bar{v}_G\Big|_0^{t_b} = \left\{ \left(\bar{v}_x^G\Big|_0^{t_b}, \bar{y}_x^G\Big|_0^{t_b}, \bar{z}_x^G\Big|_0^{t_b} \right) \Big| \bar{v}_x^G\Big|_0^{t_b} = \frac{l_b}{\cos\beta\, t_b}, \bar{v}_y^G\Big|_0^{t_b} = \frac{l_b \tan\alpha}{t_b}, \bar{v}_z^G\Big|_0^{t_b} = \frac{l_b \tan\beta}{t_b} \right\} \\ \theta\Big|_0^{t_b} = \left\{ \left(\varphi\Big|_0^{t_b}, \beta\Big|_0^{t_b}, \alpha\Big|_0^{t_b} \right) \Big| 0 \leqslant \varphi\Big|_0^{t_b} \leqslant \frac{\pi}{45}, 0 \leqslant \beta\Big|_0^{t_b} \leqslant \frac{\pi}{12}, 90° \leqslant \alpha\Big|_0^{t_b} \leqslant \frac{\pi}{45} + \frac{\pi}{2} \right\} \end{cases}$$

(5-5)

式中 l_b——采煤机斜切进刀运行的距离;

t_b——采煤机斜切进刀运行时间。

正常截割段占工作面长度的大部分,因此在正常截割段对采煤机进行实时定位更具有意义。刮板输送机为采煤机行走提供轨道、为支架前移提供支点。采煤机骑在刮板输送机上运行,在正常截割时刮板输送机的调直总是使采煤机沿着近似直线运动,因此限制了采煤机沿工作面推溜方向的速度 v_y^G 以及偏航角度 α,则令沿工作面推溜方向的速度和偏航角测量误差为高斯白噪声,可以表示为

$$\begin{cases} v_y^G \Big|_{t_b}^{t_w} = \delta v_y, E(\delta v_y) = \sigma_{v_y}^2 \\ \alpha \Big|_{t_b}^{t_w} = \dfrac{\pi}{2} + \delta \alpha, E(\delta \alpha) = \sigma_\alpha^2 \end{cases} \tag{5-6}$$

式中　δv_y——正常截割时采煤机沿工作面推溜方向的速度测量误差；

　　　　$\delta \alpha$——正常截割时采煤机偏航角测量误差。

在采煤机正常截割时，刮板输送机为采煤机行走提供轨道、为支架前移提供支点。刮板输送机在工作过程中除弯曲段必须要保证平直，这样采煤机截割出来的煤壁才能平直。由于采煤机、液压支架和刮板输送机三机运行约束特性，可得采煤机位置、速度以及姿态角的约束关系：

$$\begin{cases} P_G \Big|_{t_b}^{t_w} = \left\{ \left(x_G \Big|_{t_b}^{t_w}, y_G \Big|_{t_b}^{t_w}, z_G \Big|_{t_b}^{t_w} \right) \Big| 0 \leqslant x_G \Big|_{t_b}^{t_w} \leqslant l, y_G \Big|_{t_b}^{t_w} = B, z_G \Big|_{t_b}^{t_w} \leqslant \left| l\tan\alpha \right| \right\} \\ \overline{v}_G \Big|_{t_b}^{t_w} = \left\{ \left(\overline{v}_x^G \Big|_{t_b}^{t_w}, \overline{y}_x^G \Big|_{t_b}^{t_w}, \overline{z}_x^G \Big|_{t_b}^{t_w} \right) \Big| \overline{v}_x^G \Big|_{t_b}^{t_w} = \dfrac{l_n}{\cos\beta \, t_n}, \overline{v}_y^G \Big|_{t_b}^{t_w} = 0, \overline{v}_z^G \Big|_{t_b}^{t_w} = \dfrac{l_n\tan\beta}{t_n} \right\} \\ \theta \Big|_{t_b}^{t_w} = \left\{ \left(\varphi \Big|_{t_b}^{t_w}, \beta \Big|_{t_b}^{t_w}, \alpha \Big|_{t_b}^{t_w} \right) \Big| 0 \leqslant \varphi \Big|_{t_b}^{t_w} \leqslant \dfrac{\pi}{45}, 0 \leqslant \beta \Big|_{t_b}^{t_w} \leqslant \dfrac{\pi}{12}, \alpha \Big|_{t_b}^{t_w} = \dfrac{\pi}{2} \right\} \end{cases}$$

$$\tag{5-7}$$

式中　l_n——采煤机正常割煤运行的距离；

　　　　t_n——采煤机正常割煤运行时间；

　　　　t_w——采煤机斜切进刀和正常截割运行时间之和，即 $t_w = t_b + t_n$。

5.3　SINS/CWSN 采煤机位姿解算

图 5-4 所示为 SINS/CWSN 协同下采煤机定位定姿原理图。SINS 主要利用惯性测量单元对采煤机进行测量，通过解算得到采煤机的姿态、速度和位置等参量，SINS 下采煤机位置是对加速度进行积分得到的，而长时间运行过程中对加速度噪声的积分使得 SINS 速度和位置均具有累积误差。因此，要想消除 SINS 下速度和位置的累积误差，需要对其进行校正。由于采矿机群 CWSN 为一种分布式无线定位方法，其解算结果只依赖于局域无线信号值，因此在整个链式长度上 CWSN 下采煤机位置无累积误差，可以用 CWSN 得到的采煤机位置对 SINS 解算的位置进行校正；同时，位置是在对速度积分的基础上得到的，当 SINS 下采煤机位置出现误差时，其速度一定具有累积误差，由于

在采矿机群协同运动时采煤机总是以一定的牵引速度进行截割煤壁,因此可以用采煤机牵引速度对其 SINS 下采煤机速度进行校正。

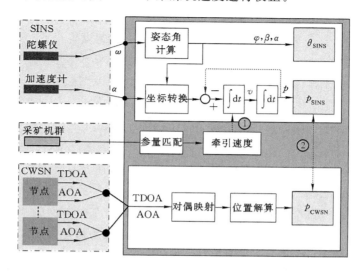

图 5-4   SINS/CWSN 协同下采煤机定位定姿原理图

5.3.1   SINS 采煤机位姿解算

在双滚筒采煤机截割煤层过程中,采煤机受到前后滚筒的推进阻力、截割阻力、侧向阻力,以及采煤机自身重力、牵引力和摩擦力等作用力[27]。对采煤机在截割煤壁过程中的受力分析可为惯性导航下采煤机定位提供基础,基于牛顿力学定律可得

$$F = m_g \left.\frac{\mathrm{d}^2 R}{\mathrm{d}t^2}\right|_i = F_{\mathrm{non\_g}} + F_g \tag{5-8}$$

式中 m_g——采煤机质量;

$F_{\mathrm{non\_g}}$——采煤机受到的非地球引力;

F_g——采煤机受到的地球引力。

根据哥氏定理以及姿态转换矩阵,可以得到采煤机在导航坐标系下比力方程为:

$$\dot{v}^n = C_b^n F^b - 2\,\omega_{ie}^n \times v^n - \omega_{en}^n \times v^n + g^n \tag{5-9}$$

式中 $\dot{v}^n$——采煤机相对于地球的加速度;

C_b^n——载体坐标系到导航坐标系的姿态转换矩阵；

F^b——载体坐标系下的比力；

$\omega_{ie} \times \upsilon$——哥氏加速度；

$\omega_{en} \times \upsilon$——采煤机在地面运动的对地向心加速度。

对于载体坐标系和导航坐标系，可以通过姿态角旋转实现不同坐标系之间的变换，基于坐标旋转关系绕 z、x 和 y 轴旋转可得[158]

$$C_b^n = C_b^n(\varphi,\beta,\alpha) = \begin{bmatrix} c_\varphi c_\alpha + s_\varphi s_\alpha s_\beta & -c_\varphi s_\alpha + s_\varphi c_\alpha s_\beta & -s_\varphi c_\beta \\ s_\alpha c_\beta & c_\alpha c_\beta & s_\beta \\ s_\varphi c_\alpha - c_\varphi s_\alpha s_\beta & -s_\varphi s_\alpha - c_\varphi c_\alpha s_\beta & c_\varphi c_\beta \end{bmatrix} \quad (5-10)$$

式中，s_φ 表示为 $\sin\varphi$；c_φ 表示为 $\cos\varphi$；s_β 表示为 $\sin\beta$；c_β 表示为 $\cos\beta$；s_α 表示为 $\sin\alpha$；c_α 表示为 $\cos\alpha$。

当刮板输送机沿煤层东西走向布置，采煤机沿东向方向骑在刮板输送机上进行截割煤壁时，限制了其偏航角的变化，使偏航角保持为 $\pi/2$，因此姿态矩阵可整理为

$$C_b^n = C_b^n(\varphi,\beta,\alpha) = \begin{bmatrix} s_\varphi s_\beta & -c_\varphi & -s_\varphi c_\beta \\ c_\beta & 0 & s_\beta \\ -c_\varphi s_\beta & -s_\varphi & c_\varphi c_\beta \end{bmatrix} \quad (5-11)$$

由于空中飞行器或者导弹等运载体具有高速运动特性，因此其 ω_{ie} 和 ω_{en} 均具有一定的幅值；而相对于采煤机等低速运动目标，在计算时可以忽略 ω_{ie} 和 ω_{en} 的影响。因此，采煤机的位置、速度以及姿态误差可以表示为[159,160]

$$\begin{bmatrix} \delta\dot{p}^n \\ \delta\dot{\upsilon}^n \\ \dot{\theta}^n \end{bmatrix} = \begin{bmatrix} 0 & F_E & 0 \\ 0 & 0 & F_F \\ 0 & 0 & 0 \end{bmatrix} \begin{bmatrix} \delta p^n \\ \delta\upsilon^n \\ \theta^n \end{bmatrix} + \begin{bmatrix} 0 & 0 \\ C_b^n & 0 \\ 0 & C_b^n \end{bmatrix} \begin{bmatrix} \delta F^b \\ \delta\omega_{ib}^b \\ 0 \end{bmatrix} \quad (5-12)$$

$$F_E = I_{3\times3}; F_F = \begin{bmatrix} 0 & -f_U^n & f_N^n \\ f_U^n & 0 & -f_E^n \\ -f_N^n & f_E^n & 0 \end{bmatrix} \quad (5-13)$$

式中，$\delta\dot{p}^n$，$\delta\dot{\upsilon}^n$，$\dot{\theta}^n$ 分别为采煤机位置、速度和姿态在导航坐标系中的误差；δF^b 为加速度计输出比力误差；$\delta\omega_{ib}^b$ 为在载体坐标系中采煤机角速率误差。

对式(5-12)和式(5-13)进行展开，可以得到采煤机速度误差为

$$\dot{\delta v}^n = C_b^n \delta F^b + F^b \theta^n \times C_b^n = \begin{bmatrix} \dot{\delta v_E} \\ \dot{\delta v_N} \\ \dot{\delta v_U} \end{bmatrix}$$

$$= \begin{bmatrix} C_b^n \end{bmatrix} \begin{bmatrix} \nabla e_E \\ \nabla e_N \\ \nabla e_U \end{bmatrix} + \begin{bmatrix} 0 & -f_U^n & f_N^n \\ f_U^n & 0 & -f_E^n \\ -f_N^n & f_E^n & 0 \end{bmatrix} \begin{bmatrix} \delta\varphi \\ \delta\beta \\ \delta\alpha \end{bmatrix} \times C_b^n \qquad (5\text{-}14)$$

式中　$\nabla e_E, \nabla e_N, \nabla e_U$——分别为加速度测量误差。

综采工作面采煤机骑在刮板输送机上运动,刮板输送机限制了采煤机运行方向,则采煤机速度误差方程可以表示为:

$$\dot{\delta v}^n = \begin{bmatrix} \dot{\delta v_E} \\ \dot{\delta v_U} \end{bmatrix} = \begin{bmatrix} c_\beta & -s_\beta \\ s_\beta c_\varphi & s_\beta c_\varphi \end{bmatrix} \begin{bmatrix} \nabla e_E \\ \nabla e_U \end{bmatrix} + \begin{bmatrix} 0 & -f_U^n \\ -f_N^n & f_E^n \end{bmatrix} \begin{bmatrix} \varphi \\ \beta \end{bmatrix} \qquad (5\text{-}15)$$

5.3.2　SINS 与 CWSN 时间匹配

由于采煤机速度是对加速度一次积分得到的,而采煤机位置是对速度一次积分得到的,当加速度测量具有噪声时,采煤机长时间运行会导致其速度具有累积误差,从而使采用 SINS 计算采煤机位置具有累积误差。在室外或者空中,通常采用 GPS 对 SINS 位置进行校正,但是由于采矿机群工作在井下封闭环境中,GPS 信号由于受到遮蔽而无法使用。不同于 SINS 定位解算原理,CWSN 是一种分布式定位方法,通过部署在采煤机上的移动节点和其通信范围内的锚节点进行通信,利用定位算法解算得到采煤机位置,CWSN 下采煤机位置可以表达为

$$p_{\text{CWSN}}^n = \delta e_{\text{CWSN}} p_G = \begin{bmatrix} 1+\delta e_x & 0 & 0 \\ 0 & 1+\delta e_y & 0 \\ 0 & 0 & 1+\delta e_z \end{bmatrix} \begin{bmatrix} x_{\text{CWSN}} \\ y_{\text{CWSN}} \\ z_{\text{CWSN}} \end{bmatrix} \qquad (5\text{-}16)$$

式中　$\delta e_x, \delta e_y, \delta e_z$——CWSN 解算下采煤机沿 x、y 和 z 轴方向上测量误差。

采用 SINS 和 CWSN 获得采煤机位置分别为 p_{SINS}^n 和 p_{CWSN}^n,则 SINS/CWSN 下采煤机其位置增量差值为

$$\delta p_{\text{SINS/CWSN}}^n = p_{\text{SINS}}^n - p_{\text{CWSN}}^n = \int_{T_1}^{T_2} v^n \mathrm{d}t - \delta e_{\text{CWSN}} p_G \qquad (5\text{-}17)$$

利用 CWSN 得到的采煤机位置对 SINS 下采煤机位置进行校正,可以减小 SINS 位置误差,但是由于 SINS 的速度并没有校正,在 CWSN 完成位置校正后,SINS 的位置误差快速增加。因此,有必要在利用 CWSN 对 SINS 位置进行校正的同时,来对 SINS 下的速度进行同步校正。

$$v_{\text{CWSN}}^n = \frac{p_{\text{CWSN}}^n(t_2) - p_{\text{CWSN}}^n(t_1)}{\Delta t} \tag{5-18}$$

不同于捷联惯导利用对加速度进行二次积分求得移动目标的位置,其实时位置为连续的曲线,而无线传感器网络下采煤机定位为通过节点间无线信号解算得到的,利用无线传感器网络求得采煤机离散的位置点,可以得到采煤机在 Δt 内的平均速度,如图 5-5 所示。

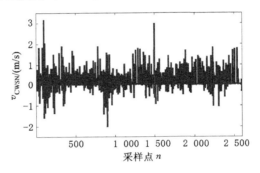

图 5-5　CWSN 下采煤机速度测量

无线传感器网络下采煤机 x 轴,y 轴和 z 轴方向的速度,在 Δt 内从正向速度突变到负向速度,显然不符合采煤机真实的运动特性,无线传感器网络下采煤机速度无法使用。因此,需要寻找其他运动参量来对捷联惯导的速度进行校正。由于综采工作面采煤机、刮板输送机和液压支架联动时需要协同控制,采煤机牵引速度的变化会引起刮板输送机负载的变化,考虑煤岩特性和刮板输送机负载等因素,采煤机牵引速度可以表示为[157]:

$$v_R^n = \begin{bmatrix} v_{Rx}^n \\ v_{Ry}^n \\ v_{Rz}^n \end{bmatrix} = \begin{bmatrix} \sin\alpha\cos\beta \\ \cos\alpha\cos\beta \\ \sin\beta \end{bmatrix} \frac{12v_S}{B_d n_c} \tag{5-19}$$

式中　v_S——采煤机滚筒转速;

　　　B_d——滚筒旋转一周截齿割煤深度;

n_c——周线上截齿数目。

SINS 和 CWSN 为两个独立的定位系统,具有不同的时间基准和解算频率,同时 SINS 获得加速度、速度、位置以及姿态等惯性参量通过串口传输到基站,而 CWSN 获得位置参数通过网线连接交换机传输到基站。因此,要实现 SINS 和 CWSN 组合对采煤机进行定位,有必要研究 SINS 和 CWSN 的时间匹配问题,保证 SINS/CWSN 协同下获得采煤机高精度的位置参数。

如图 5-6 所示,当 CWSN 位置参数在虚线处对 SINS 进行校正时,其 SINS 与 CWSN 间不存在时间匹配误差,但协同定位过程是在实线处进行校正。则 SINS 和 CWSN 时间匹配误差为

$$\nabla t_{\mathrm{mac}} = t_{\mathrm{cf}} + t_{\mathrm{cl}} - t_{\mathrm{sf}} - t_{\mathrm{sl}} = \frac{1}{f_{\mathrm{cf}}} + t_{\mathrm{cl}} - \frac{1}{f_{\mathrm{sf}}} - t_{\mathrm{sl}} \tag{5-20}$$

式中　∇t_{mac}——SINS 和 CWSN 时间匹配误差;

t_{cf}——CWSN 单次定位解算所需要的时间;

f_{cf}——CWSN 定位解算频率;

t_{cl}——无线参数数据传输延时;

t_{sf}——SINS 单次定位解算所需要的时间;

f_{sf}——SINS 定位解算频率;

t_{sl}——SINS 参数数据传输延时。

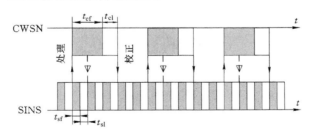

图 5-6　SINS 与 CWSN 时间匹配

由于 CWSN 与 SINS 在定位解算以及数据更新存在异步,CWSN 总是滞后于 SINS 一定的时间,因此由于时间匹配引起的位置误差 $\nabla p \Big|_{t_0}^{t_0 + \nabla t_{\mathrm{mac}}}$ 为:

$$\nabla p_E^n = \int_{t_0}^{t_0 + \nabla t_{\mathrm{mac}}} v_E^n \mathrm{d}t; \nabla p_N^n = \int_{t_0}^{t_0 + \nabla t_{\mathrm{mac}}} v_N^n \mathrm{d}t; \nabla p_U^n = \int_{t_0}^{t_0 + \nabla t_{\mathrm{mac}}} v_U^n \mathrm{d}t \tag{5-21}$$

式中　$\nabla p_E^n, \nabla p_N^n, \nabla p_U^n$——分别为 SINS 与 CWSN 时间匹配引起的位置误差。

5.3.3　SINS/CWSN 协同校正

由于采煤机定位采用 SINS 和 CWSN 两种定位方式,在实际定位过程中存在捷联惯导长航时累积误差和无线节点失效等情况,因此需要研究定位传感器不同失效方式下的补偿校正;CWSN 无法提供采煤机的三维姿态角度,而 SINS 的姿态角度能够满足采矿机群下采煤机姿态解算的要求,从而实现了利用 SINS/CWSN 实现采煤机稳健的定位定姿。在研究如何减弱 SINS 下采煤机累积误差影响时,同时需要考虑当 CWSN 出现定位大误差时,SINS/CWSN 协同定位系统应该如何有效运行,从而保证定位系统的精度,如图 5-7 所示。

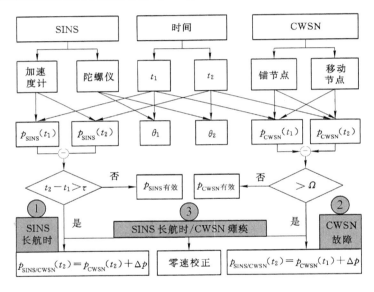

图 5-7　SINS/CWSN 协同下采煤机位置自适应校正

(1) SINS 长航时累积误差:$t_2 - t_1 > \tau$ (τ 为时间阈值)

由于 SINS 属于短时精确定位方法,对加速度误差的二次积分使其长时间运行具有累积误差,因此当 SINS 出现累积误差时,需要采用 CWSN 对 SINS 累积误差进行补偿。当采煤机从 t_1 运行到 t_2 时刻时,SINS 解算下采煤机累积误差增大,利用 t_2 时刻 CWSN 下的采煤机位置对 SINS 的位置进行校正,将采煤机平均牵引速度对 SINS 的速度进行校正,使得长航时下 SINS/CWSN 协同定位系统能对采煤机进行定位。

$$
\begin{bmatrix} p_{\text{SINS/CWSN}}(t_2) \\ v_{\text{SINS/CWSN}}(t_2) \\ \theta_{\text{SINS/CWSN}}(t_2) \end{bmatrix} = \begin{bmatrix} 0 & F_E & 0 & 0 & 0 \\ 0 & 0 & 0 & F_E & 0 \\ 0 & 0 & 0 & 0 & F_E \end{bmatrix} \begin{bmatrix} p_{\text{SINS}}(t_2) \\ p_{\text{CWSN}}(t_2) \\ v_{\text{SINS}}(t_2) \\ v_R(t_2) \\ \theta_{\text{SINS}}(t_2) \end{bmatrix} + \begin{bmatrix} \nabla p \mid_{t_2 - \nabla t_{\text{mac}}}^{t_2} \\ 0 \\ 0 \end{bmatrix}
$$

$$(5\text{-}22)$$

（2）CWSN 故障：$p_{\text{CWSN}}(t_2) - p_{\text{CWSN}}(t_1) > \Omega$（$\Omega$ 为位置增量阈值）

CWSN 属于分布式定位方法，其通过节点通信范围的无线信号解算得到采煤机的位置，在定位区域内无累积误差，但是由于综采工作面复杂的环境 CWSN 解算出现大误差。当采煤机从 t_1 运行到 t_2 时刻时，CWSN 下采煤机位置增量大于阈值 Ω，说明在 $t_1 \sim t_2$ 时刻 CWSN 解算具有较大误差，利用 t_1 时刻 SINS 下的采煤机位置对 CWSN 的位置进行校正，同时将采煤机平均牵引速度对 SINS 的速度进行校正，使得 CWSN 发生故障时协同定位系统有效。

$$
\begin{bmatrix} p_{\text{SINS/CWSN}}(t_2) \\ v_{\text{SINS/CWSN}}(t_2) \\ \theta_{\text{SINS/CWSN}}(t_2) \end{bmatrix} = \begin{bmatrix} F_E & 0 & 0 & 0 & 0 \\ 0 & 0 & 0 & F_E & 0 \\ 0 & 0 & 0 & 0 & F_E \end{bmatrix} \begin{bmatrix} p_{\text{SINS}}(t_1) \\ p_{\text{CWSN}}(t_2) \\ v_{\text{SINS}}(t_2) \\ v_R(t_1) \\ \theta_{\text{SINS}}(t_2) \end{bmatrix} + \begin{bmatrix} \nabla p \mid_{t_1 - \nabla t_{\text{mac}}}^{t_2} \\ 0 \\ 0 \end{bmatrix}
$$

$$(5\text{-}23)$$

（3）SINS 长航时/CWSN 瘫痪：$t_2 - t_1 > \tau \,||\, p_{\text{CWSN}}(t_2) - p_{\text{CWSN}}(t_1) \gg \Omega$

对于 SINS/CWSN 采煤机协同定位系统，当 SINS 长时间运行后其累积误差使定位精度下降，可以采用 CWSN 对 SINS 进行校正；当 CWSN 无线解算出现大误差时，可以采用 SINS 对 CWSN 进行校正。但是，当 SINS 长航时下存在累积误差，同时 CWSN 定位系统瘫痪，无法使用 CWSN 对 SINS 进行校正来改善采煤机定位精度。因此，需要研究其他技术来保证采煤机定位精度。由于 SINS 的累积误差主要是对加速度测量误差进行二次积分而引起的，因此只要能够消除速度累积误差，SINS 下采煤机位置累积误差就能够被消除。对于无外传感器校正的 SINS 定位系统，对移动目标运行间隔一段时间后停车，其在重新开始运动后对加速度和速度进行初始化，称为零速校正技术。由于加速度测量噪声的存在，采煤机运行后其速度和位置解算均存在误差，利用采煤机停车时其加速度和速度输出为零作为观测量，采煤机再启动运行时能够消除速度误差,同时减少由于对加速度测量误差二次积分所引起的位置累积误差,能够获得较为精确的位置结果。

$$
\begin{bmatrix} p_{\mathrm{SINS/CWSN}}(t_2) \\ v_{\mathrm{SINS/CWSN}}(t_2) \\ \theta_{\mathrm{SINS/CWSN}}(t_2) \end{bmatrix} = \begin{bmatrix} F_E & 0 & 0 & 0 & 0 \\ 0 & 0 & F_E & 0 & 0 \\ 0 & 0 & 0 & 0 & F_E \end{bmatrix} \begin{bmatrix} p_{\mathrm{SINS}}(t_1) \\ p_{\mathrm{CWSN}}(t_2) \\ v_{\mathrm{SINS}}(t_2) \\ v_R(t_2) \\ \theta_{\mathrm{SINS}}(t_2) \end{bmatrix} + \begin{bmatrix} \nabla p \big|_{t_2}^{t_2+\Delta t} \\ 0 \\ 0 \end{bmatrix} \quad (5\text{-}24)
$$

5.4　SINS/CWSN 协同采煤机位姿试验

5.4.1　采煤机定位定姿系统结构

通过对 SINS/CWSN 协同下采煤机位姿进行了建模,在模拟综采工作面窄长结构的走廊中搭建 SINS/CWSN 采煤机定位系统,对所提定位模型进行试验验证和分析,如图 5-8 所示。

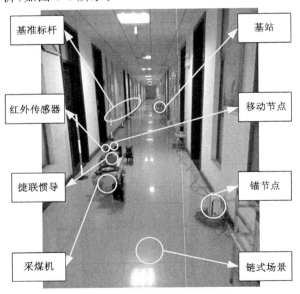

图 5-8　SINS/CWSN 协同下采煤机定位定姿试验

在采煤机机身固联捷联惯导和安装移动节点,在链式场景一侧部署锚节点,采用捷联惯导和无线传感器来实时检测采煤机位置;同时在采煤机机身安装红外传感器,在链式场景另一侧安装 10 个基准标杆,采用红外对射来评估采煤机协同定位系统精度。

采用 SINS 传感器和无线传感器网络,构建 SINS 与 CWSN 协同下采煤机定位定姿系统,其主要由采矿机群中采煤机、定位传感器以及协同定位解算三部分组成,如图 5-9 所示。对采煤机进行电牵引使其在链式场景中沿直线运动,模拟在综采工作面采煤机正常工作时沿刮板输送机运行。当采煤机以一定的牵引速度运行时,利用捷联惯导中的三轴陀螺仪和加速度计进行测量,加速度计测量范围为 10 g,非线性度小于 0.03 %,而陀螺仪测量范围为 490°/s,非线性度小于 0.005%,测量系统的数据更新率为 20 Hz,在捷联惯导寻北技术的支持下对采煤机的加速度、速度、位置和姿态进行测量。

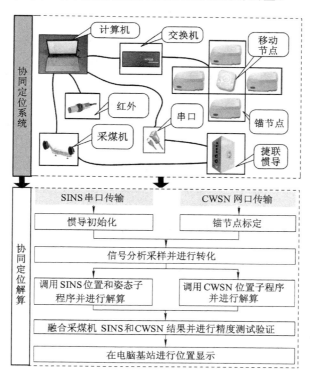

图 5-9 SINS/CWSN 协同下采煤机定位定姿系统图

IEEE802.15.4a 的标准化小组选择采用超宽带（Ultra-Wide Band，UWB）窄脉冲作为关键技术来进行高精度定位的应用研究。超宽带无线技术在综采工作面具有良好的抗多径和多普勒效应，能够精确地测量 TDOA 和 AOA 值。UWB 锚节点采用 POE 交换机供电，传感器通信半径为 35 m，定位系统和移动节点的刷新率分别为 37 Hz 和 9.25 Hz，锚节点基准坐标如表5-1所示。无线传感器网络主要采用 TDOA 结合 AOA 测量，将锚节点设置成一个主传感器和多个从传感器，主传感器负责锚节点间的时间同步，同时主传感器接收到移动节点处的无线信号进行定位解算，获得采煤机实时的位置数据。

表 5-1				锚节点基准坐标				m
	1	2	3	4	5	6	7	8
x	0	4.78	10.71	15.65	17.28	22.39	27.48	32.55
y	0.4	0.45	0.45	0.41	0.41	0.48	0.48	0.44
z	0.72	0.73	0.73	0.73	0.73	0.73	0.73	0.73

如图 5-9 所示，在对采煤机动力学和运动学在内的采矿机群动态系统特性进行分析的基础上，利用安装在采煤机机身的捷联惯导，建立采煤机惯性导航方程，由捷联惯导解算获得采煤机实时加速度、速度、位置和姿态数据，通过串口传输给电脑基站；在链式场景中安装的锚节点与采煤机上移动节点进行通信，所有锚节点间通过屏蔽网线进行时间同步，同时锚节点通过网线与交换机连接，解算得到采煤机上移动节点的三维坐标，通过交换机传输到电脑基站；当采煤机运行过程中，采煤机机身安装的红外传感器运行到对应基准标杆时，由于红外传感器在基准标杆处的反射，其当前时刻被标记，并通过串口传输到电脑基站；在电脑基站中，进行信号采样分析、耦合模型设计、定位算法解算以及精度测试验证等，建立了基于 SINS/CWSN 协同下采煤机定位定姿系统。

在电脑基站中，采用 C♯＋Matlab＋SQL 组合思路开发了 SINS/CWSN 协同采煤机定位定姿系统。C♯ 是微软.NET 战略中的核心语言，结合了 VB、C++、JAVA 等编程语言的功能，能对界面、网络和数据库等进行开发，具备高效的数据访问和设备操作能力，但是 C♯ 无法进行矩阵运算，同时也无法对数据进行统计分析。利用 Matlab 强大的矩阵运算能力，同时内置很多统计函数和工具,能够快速地对数据进行数值分析、处理以及微分方程求解等复杂运算。本章将 C♯ 和 Matlab 混合编程,充分发挥 C♯ 和 Matlab 的优势,实现优势互补来提高定位系统的运行效率,其具体设计思路为:

(1) 利用 C♯ 设计上位机图形界面,兼具数据采集、显示与存储功能。PC USB 端口通过连接串口与捷联惯导建立连接,实时采集沿采煤机截割方向、沿工作面推溜方向以及高度方向上的加速度和角速度;利用 PC 网络端口通过双绞线连接至链式无线传感网络的锚节点主传感器,实时采集采煤机上移动节点和液压支架锚节点间的无线信号,上位机软件对采集的数据进行校验,如传输数据错误则直接丢包,否则完成数据预处理过程。

(2) 利用 Matlab 编写捷联惯导数据解算子程序、无线定位位置解算子程序和 SINS/CWSN 协同校正子程序,利用 Matlab 为 .NET 提供的构建工具创建 .NET 程序集,将 M 文件编译成 DLL 动态链接库的格式,作为程序集所对应的类中的一个方法对外提供,这个方法可以直接被 C♯ 调用,并且可以在没有安装 Matlab 的机器上运行。在 C♯ 中通过调用该 DLL 中的方法,输入预处理后的加速度、角速度、无线位置信息等数据,输出最终的解算结果,能够在 C♯ 中动态显示采煤机的位姿数据,并在 SQL 数据库中实时存储运算结果。

如图 5-10 所示,本章给出了采煤机 SINS/CWSN 协同定位系统软件伪代码,主要分为纯 SINS 解算、纯 CWSN 解算以及 SINS/CWSN 协同校正三个部分。纯 SINS 解算部分有惯导初始化、三维姿态解算和三维位置解算,采用采煤机初始角度 θ_{SINS} 和角加速度 w 计算采煤机横滚角、俯仰角及偏航角度,采用姿态矩阵、加速度以及初始速度和位置计算采煤机三维位置;纯 CWSN 解算部分有无线参数配置、无线位置解算以及无线解算误差,基于无线节点的优化覆盖和有效连通,对锚节点坐标、锚节点数目以及节点通信半径进行配置,无线数据通过 UDP 模式传输到电脑基站进行解算;基于 SINS 和 CWSN 位置和姿态时间戳进行采煤机 SINS/CWSN 协同位置校正更新,当运行时间超过时间阈值 τ 时采用 CWSN 分布式位置对 SINS 累积误差进行校正;当无线位置增量值超过阈值 Ω 时采用 SINS 短航时精确位置对 CWSN 大误差进行校正,实现基于 SINS/CWSN 协同校正的采煤机全空间长航时定位定姿。

SINS 与 CWSN 协同下采煤机稳健同步位姿跟踪

参数：$[\theta_{SINS}, p_{SINS/CWSN}]$ // θ_{SINS} 采煤机的三维角度；$p_{SINS/CWSN}$ 采煤机三维位置.

---

1. 主程序
2. 开始 SINS/CWSN 测量；
3. Loop；
4. IF SINS 参数采样 Then
5. $[\theta^o_{SINS}, v^o_{SINS}, p^o_{SINS}] \leftarrow$ 初始化 SINS 参数；
6. $Data_{signals} \leftarrow$ 采集 SINS 数据；
7. $[w, a] \leftarrow$ SINS 惯性参数测量；
8. $\theta_{SINS} \leftarrow$ 采煤机三维姿态；
9. $p_{SINS} \leftarrow [\delta v^n, \delta p^n] \leftarrow$ 采煤机 SINS 位置误差；
10. END IF
11. IF CWSN 参数采样 Then
12. $[a^o_i, N, r_{radius}] \leftarrow$ 初始化 CWSN 参数；
13. $Data_{signals} \leftarrow$ 采集 CWSN 数据；
14. 信号到距离转化模型；
15. $p_{CWSN} \leftarrow [\Delta a_i, \delta e_{CWSN}] \leftarrow$ 采煤机 CWSM 位置误差；
16. END IF
17. 自修复 SINS/CWSN$(t, p_{SINS}, p_{CWSN}) \leftarrow$ 调用子程序；
18. END Loop；
19. 停止 SINS/CWSN 测量；
20. 结束主程序
21. 子程序 自修复 SINS/CWSN(t, p_{SINS}, p_{CWSN})
22. 开始 SINS 和 CWSN 协同校正；
23. IF $t_2 - t_1 > \tau$ Then
24. $p_{SINS/CWSN}(t_2) = p_{CWSN}(t_2) + \nabla p_1$；
25. 协同误差为 $\nabla p \Big|_{t_2 - \nabla t_{mac}}^{t_2}$
26. Else IF $p_{SINS/CWSN}(t_2) - p_{CWSN}(t_1) > \Omega$ Then
27. $p_{SINS/CWSN}(t_2) = p_{SINS}(t_1) + \nabla p_2$；
28. 协同误差为 $\nabla p \Big|_{t_1 - \nabla t_{mac}}^{t_2}$
29. Else
30. $p_{SINS/CWSN}(t_2) = p_{SINS}(t_2)$；// SINS 短时精确定位；
31. END IF
32. END 子程序

图 5-10　SINS/CWSN 协同定位系统软件流程图

采煤机上安装红外传感器，在沿采煤机运行方向设置 10 个定位基准标杆，当采煤机上红外传感器运行到定位基准标杆时，红外信号受到定位基准标杆的反射，能够确定采煤机所运行的位置。

令定位基准标杆的坐标为 $p_{RC} = (x^i_{RC}, y^i_{RC}, z^i_{RC})$，$i = (1, 2, \cdots, n_{RC})$，则 SINS/CWSN 下采煤机位置与定位基准的差值为：

$$\Delta p^{RC}_{SINS/CWSN}(i) = p_{SINS/CWSN}(i) - p^i_{RC} \tag{5-25}$$

由于定位基准标杆的坐标是确定的，因此其差值 $\Delta p^{RC}_{SINS/CWSN}(i)$ 就是 SINS/CWSN 下采煤机运行到该位置时的定位误差，则可得 SINS/CWSN 下采煤机平均定位误差为：

$$\bar{e}^{RC}_{SINS/CWSN} = \frac{1}{n_{RC}} \sum_{i}^{n_{RC}} \| \Delta p^{RC}_{SINS/CWSN}(i) \| \tag{5-26}$$

5.4.2　SINS 下采煤机位姿试验研究

将捷联惯导固连在采煤机机身并对其进行初始对准后，利用捷联惯导能够对采煤机运行时的加速度、速度、位置、角速度以及姿态等惯性参量进行求解。如表 5-2 和图 5-11 所示,在平整走廊内采用三轴陀螺仪,测量得到采煤机横滚角、俯仰角和偏航角平均误差分别为 0.372 2°,0.065 2° 和 1.480 6°,而方差为 0.172 6,0.056 7 和 0.644 0。从表 5-2 和图 5-11 可以看出,采煤机横滚角和俯仰角在测量过程中变化较小,但是偏航角则有一定的增加。

表 5-2   SINS 下采煤机姿态误差

	1	2	3	4	5	6	7	8	9	10
横滚角/(°)	0.367	0.123	0.463	0.458	0.298	0.592	0.671	0.274	0.217	0.263
俯仰角/(°)	0.039	0.061	0.034	0.047	0.026	0.086	0.210	0.083	0.006	0.055
偏航角/(°)	1.173	1.104	1.241	1.870	0.669	0.962	1.334	1.420	2.208	2.825

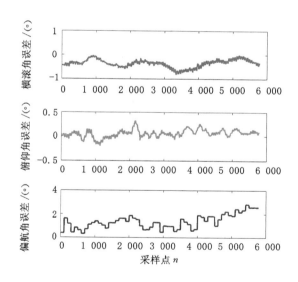

图 5-11   SINS 下采煤机横滚角、俯仰角和偏航角跟踪性能

SINS 长航时下采煤机位置测量具有累积误差。SINS 下采煤机位置误差随着时间的增加而增加,主要原因是对三轴加速度计测量误差进行了二次积分。相比于 SINS 下采煤机的位置,SINS 下姿态角能够用于综采工作面的采煤机姿态测量,而 SINS 下采煤机位置需要 CWSN 进行补偿。

5.4.3 CWSN 下采煤机位置试验研究

对安装在链式场景的锚节点基准坐标进行精确测量,同时将移动节点安装在采煤机机身,对 CWSN 下采煤机定位精度进行测试,通过利用红外反射来确定定位基准标杆处链式无线传感网络下采煤机位置误差。令 1 号锚节点为坐标原点,采煤机上移动节点的初始横坐标、纵坐标和高度坐标分别为 1.89 m,1.943 m 和 0.6 m。从图 5-12 和表 5-3 可以得出,利用 CWSN 对采煤机位置进行跟踪,其横坐标、纵坐标和高度坐标测量平均误差分别为 0.061 7 m,0.168 m 和 0.166 4 m。CWSN 下采煤机位置误差和方差分别为 0.269 3 m 和 0.218 7,CWSN 下采煤机定位为分布式定位方式,在定位区间内无累积误差,但是由于无线信号受到干扰,节点部署方式以及无线解算过程具有较大的定位误差。如表 5-3 所示,在 4 号基准标杆处采煤机定位误差最大。由于图 5-12 下的采煤机位置是基于精确的锚节点坐标解算得到的,而在综采工作面部署的锚节点会发生一定程度的漂移,会进一步影响 CWSN 下采煤机位置误差的分布。

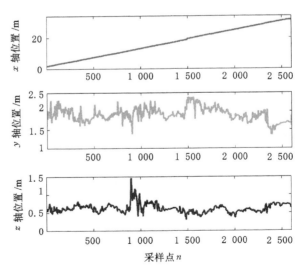

图 5-12   CWSN 下采煤机位置跟踪性能

表 5-3   CWSN 下采煤机位置误差   m

	1	2	3	4	5	6	7	8	9	10
x	0.059	0.016	0.039	0.106	0.04	0.019	0.14	0.068	0.051	0.079
y	0.241	0.242	0.177	0.541	0.014	0.056	0.02	0.017	0.026	0.346
z	0.117	0.08	0.079	0.629	0.233	0.093	0.108	0.128	0.041	0.156
误差	0.274 3	0.255 4	0.197 7	0.836 4	0.236 8	0.110 2	0.177 9	0.145 9	0.070 4	0.387 7

为了模拟综采工作面采煤机实际定位场景,研究 3 号和 6 号锚节点基准坐标漂移和失效下采煤机定位精度。第一次 3 号和 6 号锚节点横坐标漂移 0.6 m,第二次 3 号和 6 号锚节点纵坐标漂移 0.6 m,第三次 3 号锚节点横坐标漂移 0.6 m,而 3 号和 6 号锚节点高度坐标漂移 0.42 m,第四次 3 号和 6 号锚节点横坐标、纵坐标和高度坐标分别漂移 0.6 m、0.6 m 和 0.42 m,则 3 号和 6 号锚节点基准坐标值如表 5-4 所示。

表 5-4   3 号和 6 号锚节点基准坐标值   m

	3 号 x 轴	3 号 y 轴	3 号 z 轴	6 号 x 轴	6 号 y 轴	6 号 z 轴
第一次	10.11	不变	不变	22.99	不变	不变
第二次	不变	1.05	不变	不变	1.08	不变
第三次	10.11	不变	0.31	不变	不变	0.31
第四次	10.11	1.05	0.31	22.99	1.08	0.31

从图 5-13 和表 5-5 可以得出,在设置 3 号和 6 号锚节点横坐标、纵坐标和高度坐标漂移,第一次、第二次、第三次和第四次实验下 CWSN 均能对采煤机位置进行跟踪,平均定位误差分别为 0.265 4 m,0.270 1 m,0.309 1 m 和 0.309 8 m。采煤机定位误差随着锚节点基准坐标漂移程度而有一定增加,主要是移动节点运动过程中有多组锚节点参与计算,能够弱化锚节点基准坐标误差的影响。同时,四次实验时无线数据丢包率分别为 12.9%,2.5%,7.1% 和 6.4%,说明移动节点运动到一定位置定位系统无法解算得到正确的结果。

考虑一种更极端的情况,当部署在综采工作面的锚节点由于故障而失效,将 3 号和 6 号锚节点断电来进行实验,如图 5-13 和表 5-5 所示。当 3 号和 6 号锚节点失效时,其采煤机平均定位误差为 0.326 8 m,较锚节点基准坐标第

一、二、三和四次漂移下采煤机误差分别增加了 23.13％,20.99％,5.73％和 5.49％,表明锚节点失效和锚节点三轴坐标同时漂移对采煤机定位精度影响最大。同时,当 3 号和 6 号锚节点失效时其无线数据丢包率为 25.95％,较锚节点坐标漂移其无线数据丢包率分别提高了 13.05％,23.45％,18.85％和 19.55％。综采工作面锚节点存在坐标漂移以及失效的情况,因此要使采煤机定位系统具有较高的精确性、稳定性和可靠性,需要采用 SINS 与 CWSN 进行协同,提高采煤机定位系统的性能。

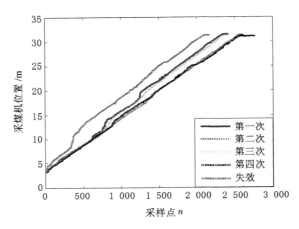

图 5-13   3 号和 6 号锚节点基准坐标漂移或失效下采煤机位置跟踪

表 5-5   3 号和 6 号锚节点基准坐标漂移或失效下采煤机位置误差   m

	1	2	3	4	5	6	7	8	9	10
第一次	0.360	0.182	0.276	0.607	0.302	0.159	0.139	0.316	0.112	0.201
第二次	0.362	0.110	0.374	0.427	0.214	0.429	0.187	0.221	0.152	0.225
第三次	0.340	0.074	0.275	0.279	0.215	0.255	0.420	0.340	0.073	0.820
第四次	0.392	0.303	0.446	0.136	0.377	0.213	0.333	0.315	0.204	0.379
失效	0.444	0.478	0.467	0.381	0.155	0.081	0.450	0.273	0.229	0.310

5.4.4   SINS/CWSN 协同下采煤机位置试验研究

(1) CWSN 不同校正频率下 SINS/CWSN 采煤机位置试验

由于 SINS 下采煤机位置具有累积误差,采用 CWSN 得到的采煤机位置,来对 SINS 下采煤机位置进行周期校正。通过调整校正频率,来进行不同周期下 SINS/CWSN 下采煤机位置跟踪研究,如图 5-14 和表 5-6 所示。从图 5-14 可以得出,采用 CWSN 周期性对 SINS 下采煤机位置进行校正,可以提高 SINS 下采煤机位置精度,主要是由于 CWSN 解算得到的位置对 SINS 的位置

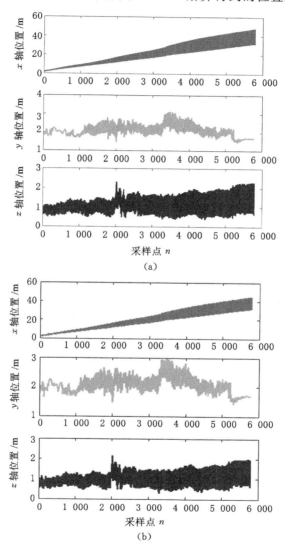

图 5-14　不同校正频率 SINS/CWSN 下采煤机位置跟踪性能

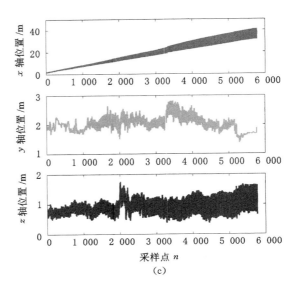

(c)

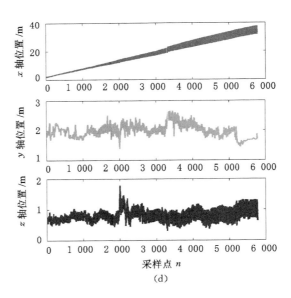

(d)

续图 5-14 不同校正频率 SINS/CWSN 下采煤机位置跟踪性能

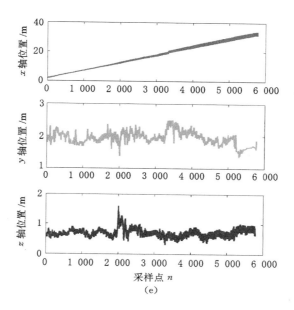

续图 5-14 不同校正频率 SINS/CWSN 下采煤机位置跟踪性能

(a) τ:1 s;(b) τ:0.8 s;(c) τ:0.6 s;(d) τ:0.4 s;(e) τ:0.2 s

进行更新,使得 SINS 能够基于较精确的位置进行迭代计算,消除 SINS 长航时下采煤机累积误差。随着 CWSN 校正频率从 1 Hz,1.25 Hz,1.667 Hz,2.5 Hz 增加到 5 Hz,SINS/CWSN 下采煤机定位误差从 4.59 m,3.477 m,2.487 m,1.727 m 下降到 1.094 m,同时其方差从 2.86,3.89,2.55,1.47 变化到 0.963。同时当校正频率增加时,SINS/CWSN 定位区域的幅值会变窄,主要是因为提高校正频率能够限制 SINS 累积定位误差增长的趋势。

通过提高 CWSN 的校正频率,能够提高 SINS/CWSN 下采煤机定位精度,但是当 CWSN 的校正频率为 5 Hz 时,SINS/CWSN 协同定位系统的误差仍然具有 1.094 m,无法满足综采工作面对采煤机定位精度的要求,而且其定位结果仍然具有一定的累积误差,如表 5-6 所示。这主要是因为仅对 SINS 的位置进行更新校正,并没有对 SINS 速度进行校正,而位置是对速度进行一次积分得到的,当 SINS 速度具有累积误差时其位置也具有累积误差。因此,要获得精确的采煤机位置,在提高 CWSN 校正频率的同时需要校正 SINS 的速度。

表 5-6　　　　　　不同校正频率 SINS/CWSN 下采煤机位置误差　　　　　　　　　m

	1	2	3	4	5	6	7	8	9	10
1.0 s	0.795 6	2.048 8	1.945	2.095 3	6.082	4.208 2	5.620 7	8.108 9	5.662 8	9.360 7
0.8 s	0.223 0	0.576 9	1.322 7	2.095 3	1.616 3	0.453 6	5.620 7	11.075 3	2.429 3	9.360 7
0.6 s	0.420 5	1.068 5	0.576 3	1.181	1.616 2	0.453 6	3.142	8.108 9	5.662 7	2.645 9
0.4 s	0.223	0.576 8	1.322 6	2.095 3	1.616 2	0.453 6	0.761 3	5.141 6	2.429 4	2.646
0.2 s	0.223	0.255 4	0.576 3	1.180	0.236 8	0.453 6	0.761 3	2.175	2.429 4	2.645 9

（2）牵引速度匹配 SINS/CWSN 下采煤机位置试验

采煤机在实际运行过程中需要截割煤壁使其牵引速度存在上限,因此通过采用牵引速度匹配来校正 SINS 下采煤机的速度,进一步改善 SINS/CWSN 下采煤机的定位精度。如图 5-15 所示,通过采煤机牵引速度校正,SINS 下采煤机在 x 轴、y 轴和 z 轴的速度限定在一定的范围内,消除了 SINS 下采煤机速度的累积误差。从图 5-16 和表 5-7 可以得出,牵引速度匹配下 SINS/CWSN 采煤机 x 轴,y 轴和 z 轴的平均定位误差分别为 0.048 4 m,0.154 9 m

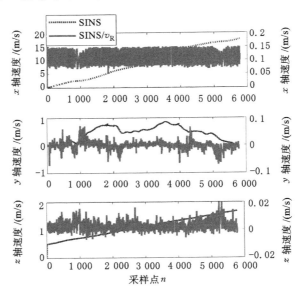

图 5-15　牵引速度匹配 SINS/CWSN 协同校正下采煤机速度试验

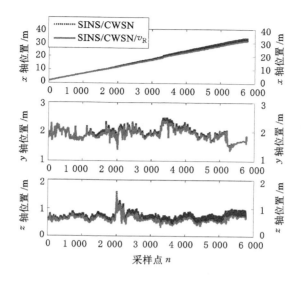

图 5-16　牵引速度匹配 SINS/CWSN 协同校正下采煤机位置试验

和 0.157 4 m，对应均方差分别为 0.043 6，0.151 1 和 0.182 7。在牵引速度匹配 SINS/CWSN 下采煤机整体定位平均误差为 0.249 6 m，较 CWSN 和 SINS/CWSN 下采煤机定位精度分别提高了 7.89％和 77.18％，提高了采煤机协同定位系统的性能。

表 5-7　　牵引速度匹配 SINS/CWSN 协同校正下采煤机位置误差　　　　　　m

	1	2	3	4	5	6	7	8	9	10
x	0.022 4	0.016 0	0.014 8	0.072 3	0.040 0	0.014 4	0.146 5	0.043 0	0.021 1	0.093 8
y	0.207 1	0.242 0	0.119 3	0.446 0	0.014 0	0.056 1	0.020 0	0.083 4	0.015 0	0.346 4
z	0.078 0	0.080 0	0.068 2	0.653 1	0.233 0	0.093 0	0.107 9	0.053 8	0.050 2	0.156 6
误差	0.222 4	0.255 4	0.138 2	0.794 1	0.236 8	0.109 5	0.183 0	0.108 1	0.056 5	0.391 6

5.4.5　SINS/CWSN 失效时采煤机协同定位试验研究

（1）CWSN 故障时 SINS/CWSN 采煤机位置试验

在 5.4.3 节中对 3 号和 6 号锚节点进行试验，获得了锚节点坐标漂移或者失效时 CWSN 下采煤机定位精度,发现当锚节点坐标漂移或者失效时能够增加采煤机定位误差,因此需要研究锚节点坐标漂移或者失效时 SINS/CWSN 采煤机协同定位性能。如图 5-17 所示,以 3 号和 6 号锚节点失效时的数据为基础,令 CWSN 前后时刻采煤机 x 轴,y 轴和 z 轴位置增量阈值从 0.3 m,0.2 m 减少到 0.1 m,定位系统需要 SINS 参与计算的频率不断增加,如图 5-17 所示。当位置增量阈值为 0.3 m 时,CWSN 在 x 轴、y 轴和 z 轴分

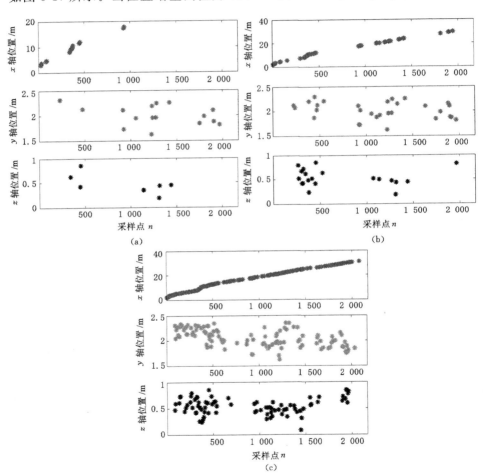

图 5-17　不同阈值 SINS/CWSN 下采煤机位置校正点

(a) Ω: 0.3 m;(b) Ω: 0.2 m;(c) Ω: 0.1 m

别有 98,91 和 42 个采样点需要校正；当位置增量阈值为 0.2 m 时，CWSN 在 x 轴、y 轴和 z 轴分别有 287,217 和 175 个采样点需要校正；而当位置增量阈值为 0.1 m 时，CWSN 在 x 轴、y 轴和 z 轴分别有 924,756 和 616 个采样点需要校正。

（2）CWSN 中断和瘫痪时采煤机位置试验

考虑一种煤矿井下无线信号阻塞或者非视距环境下导致无线定位输出中断极端情况，如图 5-18 所示。基于 3 号和 6 号锚节点断电故障无线定位数据，模拟在定位过程中 CWSN 定位输出中断，当无线信号中断时间从 2 s,4 s,6 s 增加到 8 s 时，所提出采煤机 SINS/CWSN 协同定位误差由 0.30 m,0.56 m, 0.91 m 增加到 1.67 m。这主要由于采煤机 CWSN 长时间定位故障时，采煤机 SINS 累积误差不能得到有效校正从而增大协同定位误差，所提采煤机 SINS/CWSN 协同定位在 CWSN 短时间异常时进行有效定位。

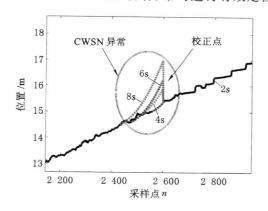

图 5-18　CWSN 中断时 SINS/CWSN 协同定位性能

考虑一类极端工况使 CWSN 面临长时间失效而瘫痪，而同时 SINS 长航时后出现累积误差，利用采煤机在截割煤壁过程中会停车的运行特性，使用零速校正技术来进行 CWSN 长航时失效时 SINS 下采煤机位置跟踪研究。如图 5-19 所示，通过采用零速校正技术，约束了 SINS 下采煤机在 x 轴、y 轴和 z 轴的速度。从图5-20和表 5-8 可以得出，SINS 零速校正下采煤机平均位置误差为 2.008 m，由于缺少外部传感器 CWSN 对其位置进行校正，零速校正下 SINS 仍然具有一定的误差。

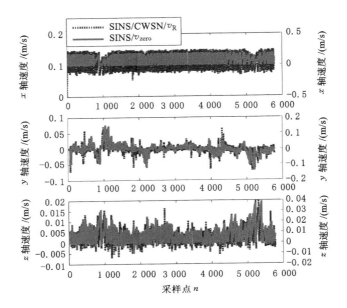

图 5-19　SINS 零速校正下采煤机速度试验

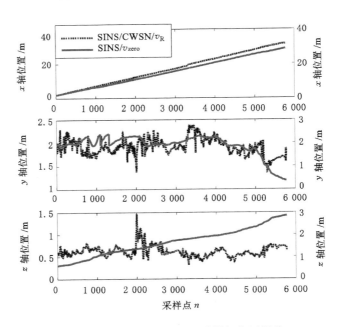

图 5-20　SINS 零速校正下采煤机位置跟踪

表5-8　　　　　　　　　　SINS零速校正下采煤机位置误差　　　　　　　　m

	1	2	3	4	5	6	7	8	9	10
x	0.110 9	0.501 6	1.110 5	1.394 5	1.551 8	1.809 5	2.260 0	2.372 0	2.503 3	3.126 5
y	0.012 8	0.194 0	0.071 8	0.339 7	0.017 9	0.109 9	0.302 4	0.055 8	0.298 6	1.329 4
z	0.064 1	0.319 3	0.627 8	0.756 3	0.977 8	1.174 8	1.289 2	1.418 0	1.688 4	2.134 5
误差	0.128 7	0.625 5	1.277 7	1.622 3	1.834 2	2.160 2	2.619 4	2.764 1	3.034 2	4.012 3

5.5　本章小结

　　本章研究了采煤机在截割煤壁过程中的运动学及参数约束,推导了SINS下采煤机姿态、速度及位置方程和误差方程,但是SINS下采煤机位置存在累积误差,提出采用CWSN对SINS下采煤机位置进行更新;由于SINS和CWSN是具有不同时间基准和解算频率的定位系统,探寻了SINS和CWSN时间匹配及其引起的位置误差,研究了SINS/CWSN多参量交互机制,构建了SINS/CWSN采煤机位置紧耦合模型,实现了SINS和CWSN失效时采煤机位置自适应校准。在模拟综采工作面窄长结构的走廊中搭建了SINS/CWSN采煤机定位系统,在CWSN下采煤机实时位置结合采煤机牵引速度校正,SINS/CWSN协同定位系统具有较高的精度和可靠性,能够满足综采工作面采矿机群"三机"联动过程中对采煤机定位精度的要求。

6 采煤机定位下变化煤层 HMM 记忆截割策略研究

6.1 引言

采煤机作为采矿机群的核心设备,其智能化水平直接影响到采矿机群的自动运行[161]。尽管采煤机在截割功率、牵引方式和主控系统等方面有了较大改进,并且已经在新型采煤机上获得应用,但是采煤机滚筒的自适应调高这一技术难题一直没有解决,成为制约采矿机群自动化和工作面无人化的瓶颈[6]。采煤机滚筒自适应调高指采煤机在截割煤壁运动过程中,通过控制液压缸来调节采煤机截割滚筒的高度使其能够沿着煤岩界面运行。但是由于工作面地质条件与煤层赋存不同,顶板与底板间的煤层厚度有较大差异,要求采煤机工作时滚筒高度能随煤层的厚度进行自动调整以避免割到顶板和底板。基于工作面煤层与岩层的分层情况,采煤机滚筒需要进行自适应调高,避免截割岩石,减少刀具磨损,能够获得最大的回采率,因此需要发展煤岩界面识别技术。基于传感器直接测量的煤岩界面识别技术,学者们做了很多有意义的研究,如射线法[162]、雷达探测法[163]、截齿应力法[164]、光电传感法[165]、振动法[166]和多传感器融合法等[167],使采煤机截割路径最佳化并以合理的速度工作[168]。

煤矿井下地质构造复杂使得煤岩性状多变,采煤机在复杂的工作环境下采煤路线会不断变化[169]。现有的传感器无法满足综采工作面对煤岩性状的监测要求,因此上述利用传感器直接测量煤岩界面的方法没有被广泛应用。借鉴机器人学中的"示教跟踪"技术,20 世纪 80 年代西德学者首次提出了记忆截割自动调高系统[170],形成以记忆截割为主的采煤机滚筒自动调高技术,并且将其应用在 JOY,Eickhof 和 DBT 等新型采煤机中,避免了直接采用传感器进行煤岩识别所面临的技术难题。

刘春生等[171]提出了一种自动重现的记忆程序控制模式,经过实时传感器采集滚筒数据并进行存储后,利用调整高位柱面位移反馈实现采煤机自动控制;李威等[172]提出了一种灰色马尔科夫组合模型的采煤机自适应记忆截割策略,通过灰色模型得到的高度预测值来确定马尔科夫链状态概率矩阵,从而获得了比传统记忆截割算法更好的精度和稳定度;王忠宾等[173]运用人工免疫理论进行记忆参数的处理,并且在采煤机样机上进行了验证,实现滚筒的自适应调高;张福建[174]运用灰色理论,提出了基于改进型的 $G(1,1)$ 记忆截割预测算法,减少了采煤司机调整的次数;徐志鹏等[175]人针对我国复杂地质条件提出了一种基于模糊原理的自适应记忆截割技术,根据采煤机滚筒截割煤岩的运行状态,对采煤机牵引速度和滚筒高度进行自适应调节。以上研究均是从全局的角度研究采煤机记忆截割信息间的特征,由于煤层厚度信息间具有局部相似性,因此如何分析相邻截割高度信息在沿工作面截割方向和采煤机推进方向上数据关系,即截割循环信息在时空中数据关联性,对于降低截割误差,减少采煤机滚筒调高次数具有重要意义。已有学者将数据结构相关性应用到轨迹聚类、语音识别、图像评价等方面。袁冠等[176]提出了一种基于数据结构相关性的轨迹聚类算法,通过比较它们的轨迹段结构特征获得了结构相似性;严斌峰等[177]使用贝叶斯预测估计邻接空间的语言识别,提高了含噪测试集的识别率;Wang 等[178]采用结构相似性来进行图像质量的评价,实现了对错误结构信息的有效评估。Hassan 等[179]基于隐马尔可夫模型(HMM)预测非线性时间序列数据,并将其与自适应模糊推理系统相结合。Hong 等[180]研究了语音质量下降情况下的 HMM 语音合成系统,Abarghouei 等[181]用人工神经网络预测干旱,并通过计算相关系数证明该方法是可行的。但是对于采煤机记忆截割信息间的数据结构关联性没有相关研究。

本章基于记忆截割示教-跟踪截割原理,充分挖掘煤层赋存厚度间数据相关性,利用其结构轨迹相似度提出了一种隐马尔科夫跟踪渐变邻接煤层的方法,采用隐马尔科夫采煤机记忆截割策略预测煤层高度,增加采煤机记忆截割策略的精度和可实用性。

6.2　采煤机定位下自适应截割

6.2.1　采煤机滚筒截割高度建模

采煤机后滚筒截割底板，使得液压支架能够对刮板输送机进行推溜，但是由于煤层赋存厚度变化等诸多因素，底板与水平面通常具有一定的角度，使得采煤机机身高度和截割滚筒高度发生变化。已有相关学者对采煤机截割滚筒高度进行了建模[172]，如图 6-1 所示。

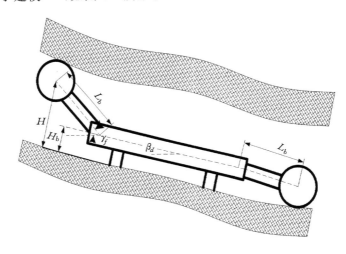

图 6-1　采煤机沿牵引方向示意图

在沿综采工作面牵引方向底板具有一定倾斜角度时，其采煤机滚筒高度 H 为：

$$H = H_b + L_b \times \sin(\gamma_f - \beta_d) \tag{6-1}$$

式中　H_b——采煤机机身离底板的垂直高度；

β_d——采煤机机身与水平面的夹角。

综采工作面底板沿工作面前进方向倾斜一定角度，刮板输送机推进存在下滑上窜，使得采煤机在沿工作面推进方向同样具有一定的倾斜角度，采煤机截割滚筒高度随之发生变化，如图 6-2 所示。

令沿工作面推进方向采煤机截割滚筒高度变化值 ΔH 为

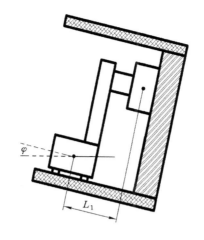

图 6-2 采煤机沿推进方向示意图

$$\Delta H = L_1 \times \tan \varphi \tag{6-2}$$

式中 L_1——采煤机滚筒与采煤机底座的中心距；

φ——采煤机沿工作面推进方向的倾斜角。

结合式(6-1)及式(6-2)可以得到采煤机滚筒高度为：

$$H' = H - \Delta H \tag{6-3}$$

$$H' = H_b + L_b \times \sin(\gamma_f - \beta_d) - L_1 \times \tan \varphi \tag{6-4}$$

由式(6-4)可知：采煤机调高摇臂的工作角度影响截割滚筒的高度，工作面底板沿工作面前进方向以及推进方向的倾斜角度同样影响截割滚筒高度，因此工作面地理参数建模对采煤机记忆截割具有重要意义。

6.2.2 采煤机记忆截割原理

采煤机机身位置、采煤机姿态、采煤机牵引速度以及推移千斤顶位置等影响采煤机记忆截割的效果，采煤机滚筒高度是关键参数。采煤机记忆截割基本原理为：在"示教"过程中采煤司机沿煤壁截割一个行程，记录下采煤机在每个位置的滚筒高度，并将采煤机位置与对应的截割滚筒高度输入计算机；在采煤机"跟踪"过程中，根据记录的参数来调整对应采煤机位置下的截割滚筒高度；一旦煤层赋存条件发生较大变化时，采煤司机根据煤层实际厚度手动调节截割滚筒高度，并更新"示教"时记录的数据，作为下一刀滚筒调高的参数[182]。

但是由于采煤机牵引速度变化,采用等时间间隔采样会造成示教点与记忆点不对应。因此,记忆截割技术需要沿工作面牵引方向等距离设置若干个固定采样点,采用等空间间隔采样技术,保证平行于综采工作面方向上采样点间距相同。

不考虑煤层断层等情况,同一采区相邻煤层的顶、底板条件,煤质硬度和夹矸层分布状态等相似情况下,有学者研究了基于记忆截割技术的采煤机滚筒自适应调高技术。煤层厚度测量是采煤机滚筒自动调高技术的基础,采用记忆截割"示教"过程时获得采煤机滚筒高度数据,在"跟踪"过程中来对采煤机截割滚筒高度进行调整,进行基于记忆截割技术下的采煤机自动调高。当前,大多数新型采煤机已经实现记忆截割功能,在煤层赋存条件较好的区域能够实现采煤机滚筒自适应调高。基于记忆截割技术的采煤机自适应调高技术,需要截割滚筒轨迹小于一定的误差范围,一旦出现长时间截割顶板以及底板等异常工况,需要对采煤机异常截割工况下的截割滚筒高度进行更新。

如图 6-3 所示,采煤机记忆截割为:在人工示教过程中,采煤机司机根据煤层厚度记录下采样点下滚筒高度$\{H_i^1, H_i^2, \cdots, H_i^{m_c}\}$,在接下来的 4~5 个截割循环过程中采煤机按照"示教"时记忆的参数,自动调整截割滚筒的高度$\{H_i^1, H_i^2, \cdots, H_i^{m_c}\}$;在 4~5 个循环后,需要重新进行人工示教截割过程,形成新的记忆截割点$\{H_{i+1}^1, H_{i+1}^2, \cdots, H_{i+1}^{m_c}\}$,依次循环。

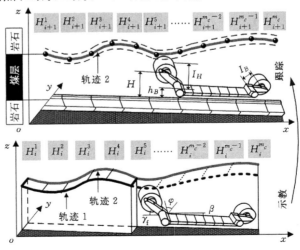

图 6-3   采煤机记忆截割原理

采煤机煤层厚度发生变化,需要重新调整截割高度示范截割点的信息,这在增加操作司机工作量的同时降低了采煤机截割效率。如果煤层赋存平滑,前后示范截割信息走向基本保持一致;如果煤层截割高度起伏变化,记忆截割曲线需要不断地重新示范,致使很多具有记忆截割功能的采煤机不能发挥性能。因此,如何充分挖掘记忆截割数据间相关性,减少示范截割手动操作刀数,同时能够实时跟踪新示范截割煤层高度,对于提高采煤机记忆截割的可用性具有重要意义。

6.3　采煤机 HMM 记忆截割策略

6.3.1　HMM 记忆截割建模

隐马尔科夫模型(Hidden Markov Model,HMM)是一种用参数表示的用于描述随机过程统计特性的概率模型[183]。HMM 模型可用来描述前后示范截割之间的关系。采煤机新示范截割高度 $H_{i+1}=\{H_{i+1}^1,H_{i+1}^2,\cdots,H_{i+1}^m\}$ 不仅与旧示范截割高度 $H_i=\{H_i^1,H_i^2,\cdots,H_i^{m_c}\}$ 有关,而且新示范截割高度之间也具有相关性。根据采煤机截割点前所观测的高度信息,以及对应的前示范截割高度信息来描述邻接空间渐变煤层变化规律,即用隐马尔科夫模型来描述采煤机截割煤层高度信息,如图 6-4 所示。

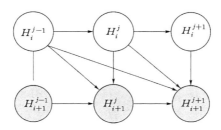

图 6-4　隐马尔科夫图形模式

采煤机截割包含 i 次示范记忆截割 $(i=1,2,\cdots,l_c)$,每次示范记忆截割 H_i 中记忆截割点数为 $j=1,2,\cdots,m_c$,其对应采煤机截割高度为 H_i^j;每个示范记忆截割高度 H_i^j 可以分割成 t 个区域$(t=1,2,\cdots,v)$;每个截割区域中包含 n_t 个截割点 $(n_t=n_1,n_2,\cdots,n_v)$,则采煤机截割高度 H_i 可以被表示为

$$H_i = \{H_{i,1}^1, H_{i,1}^2, \cdots, H_{i,1}^n; H_{i,2}^1, H_{i,2}^2, \cdots, H_{i,2}^{n_2}; \cdots; H_{i,v}^1, H_{i,v}^2, \cdots, H_{i,v}^n\}$$

$$(6\text{-}5)$$

条件 a：第 i 次截割上第 t 个区域截割高度只与在 t 以前和 t 时刻的状态有关：

$$p(H_{i,t} \mid H_{i,1}, H_{i,2}, \cdots, H_{i,v}) = p(H_{i,t} \mid H_{i,1}, H_{i,2}, \cdots, H_{i,t-1}) \quad (6\text{-}6)$$

条件 b：第 t 区域上第 j 次截割高度与第 j 次以前和第 j 次状态相关：

$$p(H_{i,t}^j \mid H_{i,t}^1, H_{i,t}^2, \cdots, H_{i,t}^n) = p(H_{i,t}^j \mid H_{i,t}^1, H_{i,t}^2, \cdots, H_{i,t}^{j-1}) \quad (6\text{-}7)$$

隐马尔科夫跟踪变化煤层原理为利用旧示范截割 H_i 来求新示范截割 H_{i+1}，即发现最有可能的煤层高度。令前一次截割状态为 $H_i = \{H_i^1, H_i^2, \cdots, H_i^m\}$，第 i 次截割相邻截割点的截割高度变化量为 $h_i = \{h_i^1, h_i^2, \cdots, h_i^{m-1}\}$；当前的截割状态为 $H_{i+1} = \{H_{i+1}^1, H_{i+1}^2, \cdots, H_{i+1}^m\}$，其第 $i+1$ 次相邻截割点的截割高度变化 $h_{i+1} = \{h_{i+1}^1, h_{i+1}^2, \cdots, h_{i+1}^{m-1}\}$，则有：

$$\underset{H}{\mathrm{argmax}} P(H_{i+1} \mid H_i) = \underset{H}{\mathrm{argmax}} \frac{P(H_i, H_{i+1})}{P(H_i)} \quad (6\text{-}8)$$

基于隐马尔科夫 2 个基本假说，采煤机新示范截割更新表达式为：

$$p(H_{i+1,t}^1, \cdots, H_{i+1,t}^j \mid H_{i,t}^1, \cdots, H_{i,t}^j)$$
$$= p(H_{i,t}^j \mid H_{i,t}^1, \cdots, H_{i,t}^j, H_{i+1,t}^1, \cdots, H_{i+1,t}^{j-1}) p(H_{i+1,t}^1, \cdots, H_{i+1,t}^{j-1} \mid H_{i,t}^1, \cdots, H_{i,t}^j)$$

$$(6\text{-}9)$$

对于 $p(H_{i+1}^j \mid H_i^1 \cdots H_i^j, H_{i+1}^1 \cdots H_{i+1}^{j-1})$，利用贝叶斯定理可得：

$$p(H_{i+1,t}^j \mid H_{i,t}^1, \cdots, H_{i,t}^j, H_{i+1,t}^1, \cdots, H_{i+1,t}^{j-1})$$
$$= \frac{p(H_{i,t}^j \mid H_{i,t}^1, \cdots, H_{i,t}^{j-1}, H_{i+1,t}^1, \cdots, H_{i+1,t}^j) p(H_{i+1,t}^j \mid H_{i,t}^1, \cdots, H_{i,t}^{j-1}, H_{i+1,t}^1, \cdots, H_{i+1,t}^{j-1})}{p(H_{i,t}^j \mid H_{i,t}^1, \cdots, H_{i,t}^{j-1}, H_{i+1,t}^1, \cdots, H_{i+1,t}^{j-1})}$$

$$(6\text{-}10)$$

假设 $p(H_{i,t}^j \mid H_{i,t}^1 \cdots H_{i,t}^{j-1}, H_{i+1,t}^1 \cdots H_{i+1,t}^j)$ 中所有信息来自于先前的示范，而且其高度变化概率已经集成到了 H_{i+1}^j 中，因此式子 $p(H_{i,t}^j \mid H_{i,t}^1 \cdots H_{i,t}^{j-1}, H_{i+1,t}^1 \cdots H_{i+1,t}^j)$ 可以改写为 $p(H_{i,t}^j \mid H_{i,t}^{j-1}, H_{i+1,t}^{j-1}, H_{i+1,t}^j)$，从而可得

$$p(H_{i,t}^j \mid H_{i,t}^{j-1}, H_{i+1,t}^{j-1}, H_{i+1,t}^j)$$
$$= \frac{p(H_{i+1,t}^j \mid H_{i,t}^{j-1}, H_{i,t}^j, H_{i+1,t}^{j-1}) p(H_{i,t}^j \mid H_{i,t}^{j-1}, H_{i+1,t}^{j-1})}{p(H_{i+1,t}^j \mid H_{i,t}^{j-1}, H_{i+1,t}^{j-1})} \quad (6\text{-}11)$$

将式(6-11)代入式(6-10)可得

$$p(H_{i+1,t}^1 \mid H_{i,t}^1, \cdots, H_{i,t}^j, H_{i+1,t}^1, \cdots, H_{i+1,t}^{j-1}) =$$

$$\frac{p(H_{i+1,t}^j \mid H_{i,t}^{j-1}, H_{i,t}^j, H_{i+1,t}^{j-1}) p(H_{i,t}^j \mid H_{i,t}^{j-1}, H_{i+1,t}^{j-1}) p(H_{i+1,t}^1 \mid H_{i,t}^1, \cdots, H_{i,t}^{j-1}, H_{i+1,t}^1, \cdots, H_{i+1,t}^{j-1})}{p(H_{i+1,t}^j \mid H_{i,t}^{j-1}, H_{i+1,t}^{j-1}) p(H_{i,t}^j \mid H_{i,t}^1, \cdots, H_{i,t}^{j-1}, H_{i+1,t}^1, \cdots, H_{i+1,t}^{j-1})}$$

$$(6\text{-}12)$$

因而式子 $p(H_{i+1,t}^1, \cdots, H_{i+1,t}^{j-1} \mid H_{i,t}^1, \cdots, H_{i,t}^j)$ 可以改写为

$$p(H_{i+1,t}^1, \cdots, H_{i+1,t}^{j-1} \mid H_{i,t}^1, \cdots, H_{i,t}^j)$$

$$= \frac{p(H_{i,t}^j \mid H_{i,t}^1, \cdots, H_{i,t}^{j-1}, H_{i+1,t}^1, \cdots, H_{i+1,t}^{j-1})}{p(H_{i,t}^1, \cdots, H_{i,t}^j)} p(H_{i,t}^1, \cdots, H_{i,t}^{j-1}, H_{i+1,t}^1, \cdots, H_{i+1,t}^{j-1})$$

$$(6\text{-}13)$$

将式(6-12)和式(6-13)代入式(6-9),整理可得

$$p(H_{i+1,t}^1, \cdots, H_{i+1,t}^j \mid H_{i,t}^1, \cdots, H_{i,t}^j) =$$

$$\frac{p(H_{i+1,t}^j \mid H_{i,t}^{j-1}, H_{i,t}^j, H_{i+1,t}^{j-1}) p(H_{i,t}^j \mid H_{i,t}^{j-1}, H_{i+1,t}^{j-1})}{p(H_{i+1,t}^j \mid H_{i,t}^{j-1}, H_{i+1,t}^{j-1}) p(H_{i,t}^1, \cdots, H_{i,t}^j)} \cdot$$

$$p(H_{i+1,t}^1 \mid H_{i,t}^1, \cdots, H_{i,t}^{j-1}, H_{i+1,t}^1, \cdots, H_{i+1,t}^{j-1}) \cdot p(H_{i,t}^1, \cdots, H_{i,t}^{j-1}, H_{i+1,t}^1, \cdots, H_{i+1,t}^{j-1})$$

$$(6\text{-}14)$$

在式(6-14)中 $p(H_{i,t}^1, \cdots, H_{i,t}^j)$ 和 $p(H_{i,t}^j \mid H_{i,t}^{j-1}, H_{i+1,t}^{j-1})$ 是旧示范截割中先验知识,而 $p(H_{i+1,t}^1, \cdots, H_{i+1,t}^{j-1}, H_{i,t}^1, \cdots, H_{i,t}^{j-1})$ 不依赖于示范截割 $H_{i+1,t}$ 的变化而变化,因此式(6-14)可以改写为

$$p(H_{i+1,t}^1, \cdots, H_{i+1,t}^j \mid H_{i,t}^1, \cdots, H_{i,t}^j)$$

$$= \frac{p(H_{i+1,t}^j \mid H_{i,t}^{j-1}, H_{i,t}^j, H_{i+1,t}^{j-1})}{p(H_{i+1,t}^j \mid H_{i,t}^{j-1}, H_{i+1,t}^{j-1})} p(H_{i+1,t}^1 \mid H_{i,t}^1, \cdots, H_{i,t}^{j-1}, H_{i+1,t}^1, \cdots, H_{i+1,t}^{j-1})$$

$$(6\text{-}15)$$

由于截割煤层是渐变的,其前后示范截割高度变化量较小。煤层高度变化值 h_{i+1}^j,可以基于初始高度厚度变化值 h_{i+1}^1,迭代求出,基于旧示范截割煤层高度值 H_i^j 和高度变化值 h_i 以及 h_{i+1} 可以得到新示范截割的煤层高度值 $\widetilde{H}_{i+1}^j$。

为了评估采煤机 HMM 记忆截割性能,采用包含单截割点误差、单示教过程误差、示教截割模型可信度以及单截割点置信区间来评估采煤机 HMM 记忆截割性能。

采煤机 HMM 记忆截割单截割点误差

$$\varepsilon_{i+1}^j = \widetilde{H}_{i+1}^j - H_{i+1}^j \tag{6-16}$$

采煤机 HMM 记忆截割单示教过程误差

$$\varepsilon_{i+1}^c = \frac{1}{m}\sum_{j=1}^{m} \left| \widetilde{H}_{i+1}^j - H_{i+1}^j \right| \tag{6-17}$$

采煤机 HMM 记忆截割单示教截割模型可信度

$$\rho_{i+1}^c = (1 - \varepsilon_{i+1}^c) \times 100\% \tag{6-18}$$

采煤机 HMM 记忆截割单示教截割±95％置信区间

$$\sigma_{i+1}^c = \begin{bmatrix} 0.95 H_{i+1}^j & 1.05 H_{i+1}^j \end{bmatrix} \times 100\% \tag{6-19}$$

6.3.2　HMM 记忆截割策略流程

本章提出了采煤机 HMM 记忆截割策略,如图 6-5 所示。

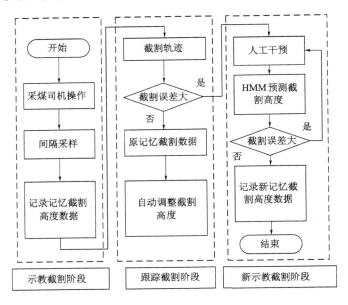

图 6-5　采煤机 HMM 记忆截割策略流程

6.4　采煤机 HMM 记忆截割性能

为了比较传统记忆截割与隐马尔科夫记忆截割法在预测煤层高度方面的性能,在考虑底板稳定情况下用虚拟煤田分布图中的数据进行仿真实验,如图

6-6 所示。假设采煤机工作面为中厚煤层,且顶板稳定,其中采煤机截深为 1 m,工作面长度为 50 m,以等空间间隔采样技术获得 50 个采样点截割高度信息,误差阈值为 0.1 m,煤层密度为 1.4 kg/m³。由于记忆截割策略是在前后截割循环中完成的,因此本章以第 0 组截割高度数据为基础,对六组示范截割高度数据 $[H_1,H_2,H_3,H_4,H_5,H_6]$ 进行性能仿真实验。

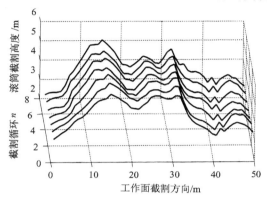

图 6-6 虚拟煤田分布图

图 6-7 为采煤机传统和 HMM 记忆截割六次示范教学 $[H_1,H_2,H_3,H_4,H_5,H_6]$ 截割高度误差。与传统记忆截割在大多数截割点具有较大误差相比,HMM 记忆截割高度误差较小。基于传统记忆截割和 HMM 记忆截割

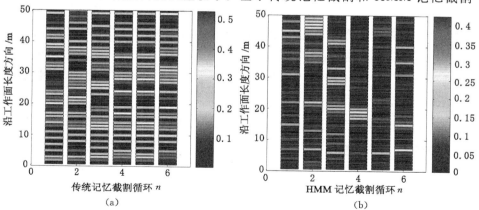

图 6-7 采煤机记忆截割 6 次示范截割性能

(a) 传统记忆截割效果;(b) HMM 记忆截割效果

下采煤机截割滚筒最大误差分别为 0.53 m 和 0.43 m，说明 HMM 记忆截割比传统记忆截割具有更好的精确性。

图 6-8 为 H_2 示范截割曲线传统记忆截割性能。从图中可以得出传统记忆截割只是根据当前截割循环下煤层高度实时调整滚筒高度。当煤层赋存高度发生变化后，采煤司机调节采煤机滚筒到合适的高度，利用传统记忆截割算法无法依据煤层赋存厚度进行动态调整，因此传统记忆截割属于一种被动式记忆截割。显然，传统记忆截割策略在煤层比较平缓时截割效果较好，否则采煤机需要频繁调整截割高度。

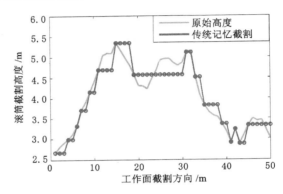

图 6-8　H_2 示范截割曲线传统记忆截割性能曲线

图 6-9 为 H_2 示范截割曲线 HMM 记忆截割性能。基于隐马尔科夫记忆截割算法下截割滚筒高度误差较传统记忆截割算法明显减少。由于当前截割高度与历史截割高度具有很大的相关性，隐马尔科夫记忆截割算法利用煤层平滑缓慢变化的特点，采用历史截割高度信息对当前截割高度进行预测，能够有效地减少截割误差。

图 6-10 比较了在示范截割 H_2 下传统记忆截割和 HMM 记忆截割高度误差。传统记忆截割和 HMM 记忆截割下采煤机平均截割误差分别为 0.17 m 和 0.05 m，而预测精度分别为 83% 和 95%。在截割点 H_2^{33} 传统记忆截割具有最大的截割误差 0.44 m，而 HMM 记忆截割在对应节点的误差仅为 0.29 m，较传统记忆截割误差更小。

图 6-11 采用记忆截割示范第 1 组、第 2 组和第 5 组滚筒采样数据，显示传统记忆截割和隐马尔科夫记忆截割分别在采样数据 ±95% 置信区间内分布情

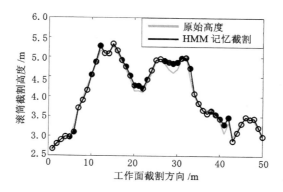

图 6-9　H_2 示范截割曲线 HMM 记忆截割性能曲线

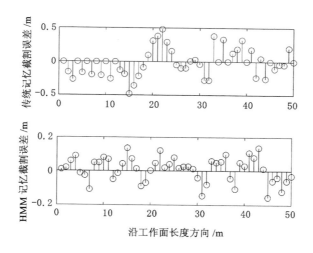

图 6-10　示范截割 H_2 下传统记忆截割和 HMM 记忆截割高度误差

况。传统记忆截割算法下采煤机滚筒截割高度值较多点落在±95％置信区间,但仍有部分点不在±95％置信区间;而隐马尔科夫记忆截割下绝大部分截割高度值均能分布在±95％置信区间,甚至有些截割点落在置信区间中心附近分布,能够很好地接近于实际的煤层厚度曲线。

图 6-12 为传统和 HMM 记忆截割下每个示范截割高度误差。对示范截割从第一组到第六组截割高度数据,传统记忆截割平均预测误差为 0.16,0.17,0.17,0.15,0.15,0.16 m,而 HMM 记忆截割的平均预测误差分别为

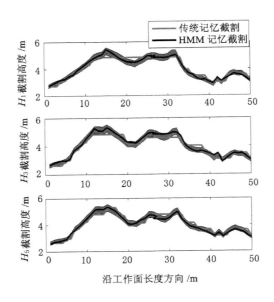

图 6-11 示范截割 H_1，H_3 和 H_5 下传统记忆截割和 HMM 记忆截割高度误差

0.06，0.08，0.08，0.06，0.05 和 0.07 m。两种记忆截割策略下采煤机滚筒预测误差趋势基本保持一致，但是 HMM 记忆截割下采煤机滚筒截割预测高度数据具有比传统记忆截割更高的精度。

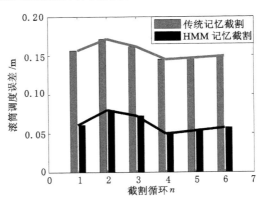

图 6-12 传统与 HMM 记忆截割下滚筒截割高度误差

前述研究分析了传统记忆截割和 HMM 记忆截割的预测精度性能，图

6-13所示为两种记忆截割方法的采煤机截割滚筒的调节频率性能,从中可知 HMM 记忆截割下采煤机滚筒截割高度调节的次数明显减少。实验结果表明,采煤机 HMM 记忆截割能够减少采煤机司机手动调整滚筒截割高度的频率。

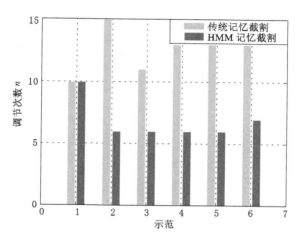

图 6-13 采煤机截割滚筒调节次数

本章充分利用截割循环间煤层高度变化平滑缓慢的特点,建立工作面记忆截割下的隐马尔科夫模型,通过示范截割高度在有限截割点干预下,动态预测采煤机沿工作面方向上的调高量,减少了示范截割的刀数。

6.5 本章小结

采煤机滚筒自适应调高技术是采煤机自动化的关键技术之一,采用煤岩界面识别存在传感器可靠性差等问题,因此引入基于示教-跟踪的采煤机记忆截割策略。传统的记忆截割策略由于煤层赋存厚度变化存在残余误差大和频繁调节截割滚筒的缺点,以及存在精度和可用性差的问题。针对煤层赋存厚度变化特性,本章提出了采煤机 HMM 记忆截割策略,分析了采煤机牵引方向和推进方向运行特性,基于采煤机三轴姿态参数对采煤机截割滚筒高度进行了建模,同时在 SINS/CWSN 采煤机协同位置参数支持下结合采煤机示教-跟踪记忆截割原理,设计了针对煤层厚度变化的 HMM 记忆截割策略,发掘了相邻示教截割高度轨迹相关性,通过示范截割高度在有限截割点干预下,能够动态预测采煤机沿工作面方向上的调高量,并且减少了示范截割的刀数,增加了采煤机记忆截割策略的精度和可实用性。

7　结论与展望

7.1　结　论

对煤矿巷道或者综采工作面一类窄长结构环境,存在采煤机、掘进机及运载车辆等移动装备,对其进行自主定位与导航是提高煤矿井下移动装备信息化和自动化水平的基础。由采煤机、液压支架以及刮板输送机组成的采矿机群,期望其能够按照功能需求移动到预定位置,液压支架自动跟机和采煤机自适应调高等动作与采煤机位姿存在相互约束关系;对运载车辆进行定位,能够详细说明"在什么时间或什么区域,运载车辆处于什么位置"。由于煤矿井下为卫星信号不能到达的封闭空间,为了满足对煤矿井下采掘机械以及运载车辆等移动装备定位定姿的需要,本书以煤矿井下窄长空间内形成的链式网络为基础,以煤矿井下移动装备为研究对象,结合链式无线传感器网络技术和捷联惯性导航技术,深入开展动目标位姿感知理论与技术在矿井装备中应用研究,主要工作和结论包括:

(1) 链式传感网下节点覆盖路由控制研究。基于无线节点在发送和接收数据时能量损耗模型,构建了煤矿链式网络感知节点簇、传输节点簇以及双基站网络体系结构,以网络最佳生存时间为目标函数,进行了无线节点非均匀分簇覆盖,设计了链式无线节点路由路径,融合了节点非均匀分布、链式两端双基站布置以及节点分簇等优势,构建了一种适用于煤矿井下链式无线传感器网络的非均匀对称簇模型(NUSCM)。结果表明,NUSCM 和双基站非均匀部署(NUD-TBS)比双基站均匀部署(UD-TBS)具有更长的网络生存时间,链路通信负载对应减少了 44.6% 和 33%,而其网络抗毁能力对应提高了12.5% 和

7.4%,煤矿链式场景下的 NUSCM 网络生存时间以及链路通信负载等有较大的改善[184]。

（2）不确定锚节点下数据相关分析定位移动目标研究。由于煤矿链式窄长结构特性，移动目标在相似几何位置间的无线信号集存在广泛的相关性。而环境噪声、传感器漂移等使得无线信号呈现非线性关系，利用核典型相关分析对两组非线性无线信号集进行了相关性分析，同时对关联度大的无线信号集进行了融合，得到了能够表征移动目标位置的无线信号集。考虑布置在煤矿链式结构两边的锚节点基准坐标会发生漂移，采用约束总体最小二乘方法对移动目标的位置进行解算，实现基于无线传感器网络的煤矿移动目标实时定位。结果表明，在煤矿窄长空间下节点间相似几何距离使得大量的相似无线信号集存在。移动目标的定位精度主要取决于无线测距精度，其平均定位误差为 1.36 m，20% 的采样点定位误差小于 1 m，而超过 90% 的采样点定位误差小于 2 m。在定位平台上，采用 CSS 技术节点间间距在 10 m 内的其测距误差仅为 0.29 m，平均测距误差为 0.6 m，由于受到更多的噪声干扰使得节点间距增加时其测距误差增大；移动目标平均定位误差及其方差分别为 0.65 m 和 0.1，且移动目标运行链式网络两端较链式网络中间具有更大的定位误差，而链式拓扑约束限制了移动目标在纵向位置误差的增长[185]。

（3）多源误差下采煤机无线三维定位精度 CRLB 研究。制定了液压支架跟机支护联动规则，搭建了采煤机自适应截割模型，同时基于采煤机空间运动学特征建立了采煤机空间坐标系。采煤机、液压支架以及刮板输送机联动，形成了一个窄长的三维封闭空间。分析了综采工作面复杂、动态以及不确定性等环境因素对无线信号的干扰，基于无线节点间信号集和距离解算模型，建立了局域强信号集与定位空间域的对偶映射，以采矿机群在工作面的运行约束确定锚节点在三维坐标上误差尺度，继而采用包含锚节点误差的拓展克拉美罗下限估计，研究采煤机定位误差与锚节点不同布置方式和不同基准误差尺度间的变化规律，为采煤机无线定位算法的精度评估和节点配置提供指导。结果表明，在锚节点坐标精确下采用 RSSI，TOA 以及 AOA 联合测距方法，采煤机定位精度 CRLB 值为 0.38，较单纯采用 RSSI，TOA 或者 AOA 测距方法其定位精度分别提高了 83%，85% 及 61%。当锚节点具有误差时，将锚节点数量从 4 增加 7 时，采煤机定位精度 CRLB 从 0.61 增加到 0.76。采用 TDOA/AOA 测距其采煤机定位精度 CRLB 值为 0.69，锚节点基准误差的引入使定位误差增加约 7.1%；当锚节点与移动节点间距从 $0.6\,\mathrm{m}$ 增加至 $1.0\,\mathrm{m}$ 时，采煤机定位精度 CRLB 值从 0.61 增加到 0.77。因此无线测距精度是影响无线定位精度的关键因素，可以通过增加锚节点密度以及减少移动节点与锚节点间垂直距离，来减少采煤机定位误差[186]。

（4）SINS 与 CWSN 协同下采煤机稳健同步位姿跟踪研究。研究了采煤机在截割煤壁过程中运动学及参数约束，推导了 SINS 下采煤机姿态、速度及位置方程和误差方程，SINS 下采煤机位置存在累积误差，提出采用 CWSN 下采煤机位置对 SINS 下位置进行更新；由于 SINS 和 CWSN 是两种不同时间基准和解算频率的定位系统，探寻了 SINS 和 CWSN 间时间匹配及其引起的位置误差，研究了 SINS/CWSN 多参量交互机制，构建了 SINS/CWSN 采煤机位置紧耦合模型，实现了 SINS 和 CWSN 失效时采煤机位置自适应校准。实验结果表明，单纯采用 SINS 定位时采煤机横滚角、俯仰角和偏航角误差分别为 $0.372\,2°$，$0.065\,2°$ 和 $1.480\,6°$，SINS 下采煤机姿态角可靠而位置存在累积误差；而单纯采用 CWSN 采煤机位置误差为 $0.269\,3\,\mathrm{m}$，而当锚节点存在不同程度的漂移或失效时，采煤机定位误差从 $0.265\,4\,\mathrm{m}$，$0.270\,1\,\mathrm{m}$，$0.309\,1\,\mathrm{m}$，$0.309\,8\,\mathrm{m}$ 增加到 $0.326\,8\,\mathrm{m}$，同时无线数据丢包率从 12.9%，2.5%，7.1%，6.4% 变化到 25.95%，因此需要采用 SINS 与 CWSN 进行协同，来提高采煤机位置解算的精度。当 CWSN 校正频率从 $1\,\mathrm{Hz}$ 增加到 $5\,\mathrm{Hz}$ 时，SINS/CWSN 协同定位误差从 $4.59\,\mathrm{m}$ 降低到 $1.094\,\mathrm{m}$，结合采煤机牵引速度校正，SINS/CWSN 协同系统定位误差从 $1.094\,\mathrm{m}$ 进一步减小到 $0.249\,6\,\mathrm{m}$，较 CWSN 和 SINS/CWSN 下采煤机定位精度分别提高了 7.89% 和 77.18%，提高了采煤机协同定位系统的性能。当 CWSN 位置增量阈值从 $0.3\,\mathrm{m}$ 减少到 $0.1\,\mathrm{m}$ 时，其在 x 轴，y 轴和 z 轴采样点需要校正的数目从 98，91 和 42，增加到 924，756 和 616。采用零速校正 SINS 对采煤机进行定位时，其采煤机平均定位误差为 $2.008\,\mathrm{m}$。因此，在 SINS/CWSN 正常运行时，协同定位系统具有较高的精度和可靠性，能够满足综采工作面"三机"联动过程中对采煤机定位精度的要求[187]。

（5）采煤机定位下变化煤层 HMM 记忆截割策略研究。基于采煤机牵引方向和推溜方向运行特性，采用三轴姿态参数建立了采煤机截割滚筒高度模型，考虑到相邻示教截割阶段采煤机截割滚筒轨迹相似性，引入包含示教-跟踪记忆截割原理，在示教及跟踪截割阶段需要确定采煤机对应位置下截割高度,采用 SINS/CWSN 协同采煤机三轴位置参数,设计了针对煤层赋存厚度变化的 HMM 记忆截割策略,发掘了相邻示教截割高度轨迹相关性。结果表明:在有限截割点干预下采用隐马尔科夫采煤机记忆截割策略可以很好地跟踪渐变煤层,减少采煤机司机手动调节滚筒的频率,增加采煤机 HMM 记忆截割策略的精度和可实用性[188]。

7.2　创新点

本书密切结合综采工作面采矿机群定位服务的需求,尤其是采煤机定位决定液压支架跟机自动化和采煤机自适应截割,针对煤矿窄长结构目标定位需求建立链式传感网络,研究工作涉及能量有效下传感器部署、误差锚节点测距增强、多误差下采煤机三维精度分析、SINS/CWSN 协同采煤机定位定姿以及采煤机定位下 HMM 记忆截割等方面,实现煤矿井下移动装备的定位定姿。

(1)根据链式网络下节点能量消耗特点,构建了感知节点簇、传输节点簇和双基站的煤矿链式网络拓扑结构,以网络最佳生存时间为目标函数,优化了感知节点簇和传输节点簇覆盖部署及路由路径,融合了无线节点非均匀部署和分簇部署的优点,实现了煤矿链式网络性能的优化。

(2)研究了煤矿移动目标在窄长空间运行特征,煤矿链式结构下移动目标相似几何位置存在相似信号集,实现了基于核典型相关性分析对两组非线性无线信号集进行计算,通过对相关性信号进行融合提高了无线测距精度,建立了基于约束总体最小二乘来求解误差锚节点下移动目标的位置方程。

(3)建立了采煤机包含多源误差的拓展克拉美-罗下限精度评估模型,提出了一种采用 SINS/CWSN 协同进行采煤机稳健定位定姿检测的技术,探寻了 SINS 和 CWSN 两种定位系统时间匹配,构建了 SINS/CWSN 下采煤机位置解算紧耦合模型,实现了在 SINS 和 CWSN 失效时采煤机位置自适应校准。

(4)采煤机定位是液压支架跟机自动化和采煤机自适应截割的基础,针对煤层厚度变化的特性,提出了一种 HMM 采煤机记忆截割技术,发掘了前后相邻示教截割采煤机滚筒轨迹高度之间的相关性,增强了基于采煤机精确定位的记忆截割技术可用性。

7.3 展望

本书结合理论建模、数值模拟和实验测试等方法,开展了动目标位姿感知理论与技术在矿井装备中应用的研究,取得了初步的研究成果,但仍可以就以下几方面开展进一步探讨和研究:

(1) 对煤矿井下无线传感器网络节点部署时,从能量损耗分析了煤矿链式无线网络数据传输规律,但是忽略了多径环境、煤壁反射和机电装备干扰等未建模因素对节点能耗的影响,同时可进一步考虑采用无线节点激活/休眠技术来延长链式网络生存时间。

(2) 由于煤矿井下巷道尤其是综采工作面对电子设备具有很高的防爆要求,本书在模拟煤矿巷道的长廊中进行了移动小车和采煤机的定位试验,从实验系统来看不能完全达到模拟煤矿工业应用的要求,需要继续深入研究,从而进一步提高煤矿井下移动装备位姿检测性能。

(3) 当煤矿井下发生灾变而进行应急搜救时,本书所提定位定姿技术能够为煤矿机电装备或者煤矿井下人员提供一定的技术支持,同时也能为同类封闭环境移动目标位姿检测提供一定的借鉴。

参 考 文 献

[1] 中华人民共和国国务院新闻办公室. 中国的能源状况与政策[R]. 2007.

[2] 陈清如. 煤炭地位在本世纪中叶前不会改变[DB/OL]. 北京:第三届跨国公司 CEO 圆桌论坛. (2009-11-14)[2017-10-16]. http://money. 163. com/special/00253TAI/2009MCCR. html.

[3] 王家臣,刘峰,王蕾. 煤炭科学开采与开采科学[J]. 煤炭学报,2016,41 (11):2651-2660.

[4] 崔民选. 2011 中国能源发展报告[R]. 北京:社会科学文献出版社,2011.

[5] 钱鸣高. 煤炭的科学开采[J]. 煤炭学报,2010,35(4):529-534.

[6] 张世洪. 我国综采采煤机技术的创新研究[J]. 煤炭学报,2010,35(11): 1898-1902.

[7] 吴立新,汪云甲,丁恩杰,等. 三论数字矿山-借力物联网保障矿山安全与智能采矿[J]. 煤炭学报,2012,37(3):357-365.

[8] TU S H,YONG Y,ZHEN Y,et al. Research situation and prospect of fully mechanized mining technology in thick coal seams in China[J]. Procedia Earth and Planetary Science,2009,1(1):35-40.

[9] 杨玉峰,韩文科. 我国"十二五"时期面临的关键性重大能源技术问题[J]. 中国能源,2010,32(1):6-9.

[10] KARACAN C O,RUIZ F A,COTE M,et al. Coal mine methane:A review of capture and utilization practices with benefits to mining safety and to greenhouse gas reduction[J]. International Journal of Coal Geology,2011,86 (2-3):121-156.

[11] CHENG B,CHENG X,ZHAI Z Y,et al. Web of things-based remote

monitoring system for coal mine safety using wireless sensor network [J]. International Journal of Distributed Sensor Networks,2014:1-14.

[12] PATRI A,NIMAJE D S. Radio frequency propagation model and fading of wireless signal at 2. 4 GHz in an underground coal mine [J]. Journal of The Southern African Institute of Mining and Metallurgy,2015,115 (7):629-636.

[13] SUN H Y,BI L J,LU X,et al. Wi-Fi network-based fingerprinting algorithm for localization in coal mine tunnel[J]. Journal of Internet Technology,2017,18(4):731-741.

[14] DOHARE Y S,YOGENDRA S,MAITY T,et al. Wireless communication and environment monitoring in underground coal mines- review[J]. IETE Technical Review,2015,32(2):140-150.

[15] NICIEZA C G,DIAZ A M,VIGIL A E A,et al. Analysis of support by hydraulic props in a longwall working[J]. International Journal of Coal Geology,2008,74(1):67-92.

[16] WANG G M,JIAO S L,CHENG G X. Fully mechanized coal mining technology for thin coal seam under complicated geological conditions [J]. Energy Exploration and Exploitation,2011,29(2):169-177.

[17] 张守祥,范红霞.综采工作面自动化监控网络[M]. 北京:煤炭工业出版社,2008.

[18] 徐志鹏,王忠宾,米金鹏.采煤机自适应记忆切割[J]. 重庆大学学报,2011,34(4):136-140.

[19] 安美珍.采煤机运行姿态及位置监测的研究[D]. 北京:煤炭科学总院,2009.

[20] EINICKE G A,RALSTON J C,HARGRAVE C O,et al. Longwall mining automation:an application of minimum-variance smoothing [J]. IEEE Control Systems Magazine,2008,28(6):28-37.

[21] 张斌,方新秋,邹永洺,等.基于陀螺仪和里程计的无人工作面采煤机自主定位系统[J].矿山机械,2010,38(9):10-13.

[22] FAN Q G,LI W,LUO C M. Error analysis and reduction for shearer positioning using the strapdown inertial navigation system[J]. Internation-

al Journal of Computer Science Issues,2012,9(5),49-54.

[23] 许春雨,宋渊,宋建成,等. 基于单片机的采煤机红外线位置检测装置开发[J]. 煤炭学报,2011,36(S1):167-171.

[24] 张连昆,谢耀社,周德华,等. 基于超声波技术的采煤机位置监测系统[J]. 煤炭科学技术,2010,38(5):104-106.

[25] 夏护国. 采煤机位置监测装置的原理与应用[J]. 矿山机械,2007,35(11):43-45.

[26] REID D C,HAINSWORTH D W,RALSTON J C,et al. Shearer guidance:a major advance in longwall mining [J]. Field and Service Robotics,2006,4(24):469-476.

[27] 方新秋,何杰,张斌,等. 无人工作面采煤机自主定位系统[J]. 西安科技大学学报,2008,28(2):349-353.

[28] YANG L Q,GIANNAKIS G B. Ultra-wideband communications:an idea whose time has come[J]. IEEE Signal Processing Magazine,2004,21(6):26-54.

[29] ZHENG B,YANG J F. Vibration analysis of base structure on SINS using PZT actuators[J]. Turkish Journal of Electrical Engineering and Computer Sciences,2012,20(6):901-913.

[30] STANKOVIC J A. Wireless sensor networks[J]. Computer,2008,41(10):92-95.

[31] 任丰原,黄海宁,林闯. 无线传感器网络[J]. 软件学报,2003,14(7):1282-1291.

[32] HE T,HUANG C D,BRIAN M B,et al. Range-free localization scheme for large scale sensor networks[C]. Proceedings of 10th Annual International Conference on Mobile and Networking,California,USA,Sep. 2003:81-95.

[33] AKYILDIZ I F,SU W,SANKARASUBRAMANIAM Y,et al. A survey on sensor networks[J]. IEEE Communications Magazine,2002,40(8):102-114.

[34] 李建中. 无线传感器网络专刊前沿 [J]. 软件学报,2007,18(5):1077-1079.

［35］ STANKUNAS J,RUDINSKAS D,LASAUSKAS E. Experimental research of wireless sensor network application in aviation［J］. Elektronika IR Elektrotechnika,2011(5):41-44.

［36］ JO H,SIM S,NAGAYAMA T. Development and application of high-sensitivity wireless smart sensors for decentralized stochastic modal identification［J］. Journal of Engineering Mechanics-Asce,2012,138(6): 683-694.

［37］ KIM H,KIM S,KWON C. An energy-efficient fast maximum power point tracking circuit in an 800-mu W photovoltaic energy harvester［J］. IEEE Transactions on Power Electronics,2013,28(6):2927-2935.

［38］ 王福豹,史龙,任丰原. 无线传感器网络中的自身定位算法系统和算法［J］. 软件学报,2005,16(5),857-868.

［39］ BOURAINE S,FRAICHARD T,SALHI H. Provably safe navigation for mobile robots with limited field-of-views in dynamic environments［J］. Autonomous Robots,2012,32(3):267-283.

［40］ Liang X W,Wang H S,Chen W D,et al. Adaptive image-based trajectory tracking control of wheeled mobile robots with an uncalibrated fixed camera［J］. IEEE Transactions on Control Systems Technology,2015, 23(6):2266-2282.

［41］ KIM H ,COBB J A. Optimization algorithms for transmission range and actor movement in wireless sensor and actor networks［J］. Computer Networks,2015,92:116-133.

［42］ 陈维克,李文锋,首珩,等. 基于 RSSI 的无线传感器网络加权质心定位算法［J］. 武汉理工大学学报,2006,30(2),265-268.

［43］ ALBANO M,HADZIC S,RODRIGUEZ J. Use of negative information in positioning and tracking algorithms［J］. Telecommunication Systems, 2013,53(3):285-298.

［44］ MAO G,FIDAN B,ANDERSON B D O. Wireless Sensor Network Localization Technologies［J］. Computer Networks,2007,51:2529-2553.

［45］ CHEN H Y,LIU B,HUANG P,LIANG J L,et al. Mobility-assisted node localization based on TOA measurements without time synchronization in wireless sensor networks[J]. Mobile Networks and Applications,2012,17(1):90-99.

[46] YANG K H,WANG G,LUO Z Q. Efficient convex relaxation methods for robust target localization by a sensor network using time differences of arrivals[J]. IEEE Transactions on Signal Processing,2009,57(7): 2775-2784.

[47] TAN A E C,CHIA M Y W,RAMBABU K. Effect of antenna noise on angle-of-arrival estimation of ultrawideband receivers[J]. IEEE Transactions on Electromagnetic Compatibility,2011,53(1):11-17.

[48] CHENG B,Zhao S,Wang S G,et al. Lightweight mashup middleware for coal mine safety monitoring and control automation[J]. IEEE Transactions on Automation Science and Engineering, 2017, 14 (2): 1245-1255.

[49] AKYILDIZ I F,STUNTEBECK E P. Wireless underground sensor networks:research challenges[J]. Ad Hoc Networks,2006,4(6):669-686.

[50] HARGRAVE C O,RALSTON J C,HAINSWORTH D W. Optimizing wireless LAN for long wall coal mine automation[J]. IEEE Transactions on Industry Application,2007,43(1):111-117.

[51] LI M,LIU Y. Underground coal mine monitoring with wireless sensor networks[J]. ACM Transactions on Sensor Networks,2009,5(5): 10-39.

[52] ZHU Z C,ZHOU G B,CHEN G Z. Chain-type wireless underground mine sensor networks for gas monitoring[J]. Advanced Science Letters, 2011,4(2):391-399.

[53] CHEN G Z,ZHU Z C,ZHOU G B,et al. Sensor deployment strategy for chain-type wireless underground mine sensor network[J]. Journal of China University of Mining and Technology,2008,18:561-566.

[54] SUN Y J,CHEN W,YU M. Chain-type Clustering topology for wireless underground sensor[J]. Journal of Computational Information Systems, 2011,7(1):206-213.

[55] 乔钢柱,曾建潮,赵明. 基于位置估计的井下无线传感器网络路由算法

[J]. 系统工程理论与实践,2011,31(S2):175-180.

[56] 杨维,王彬. 矿井巷道层次型无线监测无线传感器网络的实现[J]. 煤炭学报,2008,33(1):94-98.

[57] SHAH S F A,SRIRANGARAJAN S,TEWFIK A H. Implementation of a directional beacon-based position location algorithm in a signal processing framework[J]. IEEE Transactions on Wireless Communications,2010,9(3):1044-1053.

[58] CHENG G L. Accurate TOA-based UWB localization system in coal mine based on WSN[J]. Physics Procedia,2012,24(Part A):534-540.

[59] 吴绍华,张钦宇,张乃通. 密集多径环境下 UWB 测距的 NLOS 误差减小方法[J]. 电子学报,2008,36(1):39-45.

[60] IWAKIRI N,KOBAYASHI T. Joint ToA and AoA estimation of UWB signal using time domain smoothing[C]. Processing of 2nd International Symposium on Wireless Pervasive Computing,San Juan,Puerto Rico,Feb 2007:5-7.

[61] TUCHLER M,SCHWARZ V,HUBER A,et al. Location accuracy of an UWB localization system in a multi-path environment[C]. Processing of IEEE ternational Conference on Ultra-Wideband,Zurich,Switzerland,Sep. 2005,pp:5-8.

[62] GEZICI S,ZHI T,GIANNAKIS G B,et al. Localization via ultra-wideband radios:a look at positioning aspects for future sensor networks [J]. IEEE Signal Processing,2005,22(4):71-84.

[63] 丁锐,钱志鸿,王雪. 基于 TOA 和 DOA 联合估计的 UWB 定位方法[J]. 电子与信息学报,2010,32(2):313-317.

[64] 肖竹,黑永强,于全,等. 脉冲超宽带定位技术综述[J]. 中国科学,2009,39(10):1112-1124.

[65] 王艳芬,于洪珍,张传祥. 矿井超宽带复合衰落信道建模及仿真[J]. 电波科学学报,2010,25(4):805-811.

[66] WU D,BAO L C,LI R F. UWB-based localization in wireless sensor networks[J]. International Journal of Communications,Network and System Sciences,2009,2(5):407-421.

[67] CHEHRI A,FORTIER P,TARDIF P M. UWB-based sensor networks for localization in mining environments [J]. Ad Hoc Networks,2009,7 (5):987-1000.

[68] WANG Y,HUANG L S,YANG W. A novel real-time coal miner localization and tracking system based on self-organized sensor networks[J]. EURASIP Journal on Wireless Communications and Networking,2010: 1-11.

[69] LIU Z G,LI C W,WU D C,et al. A wireless sensor network based personnel positioning scheme in coal mines with blind areas [J]. Sensors, 2010,10(11):9891-9918.

[70] ZHANG X P,HAN G J,ZHU C P,et. al. Research of wireless sensor networks based on ZigBee for miner position[C]. 2010 International Symposium on Computer, Communication, Control and Automation, Tainan,May,5-7,2010:1-5.

[71] HU Q S,ZHANG D,LIU W. Precise positioning of moving objects in coal face:Challenges and solutions[J]. International Journal of Digital Content Technology and its Applications,2013,7(1):213-222.

[72] Kar A. Linear-time robot localization and pose tracking using matching signatures[J]. Robotics and Autonomous Systems,2011,8(1):296-308.

[73] SUH S,KANG Y. A robust lane recognition technique for vision-based navigation with a multiple clue-based filtration algorithm[J]. International Journal of Control, Automation, and Systems, 2011, 9 (2): 348-357.

[74] FREDERIC B C,PASCALE G,HERVE G. Whale 3D monitoring using astrophysic NEMO ONDE two meters wide platform with state optimal filtering by Rao-Blackwell Monte Carlo data association[J]. Applied Acoustics,2010,71(11):994-999.

[75] 曾文静,张铁栋,姜大鹏. SLAM 数据关联方法的比较分析[J]. 系统工程与电子技术,2010, 32(4):860-864.

[76] 杜航原,郝燕玲,赵玉新. 基于模糊逻辑的 SLAM 数据关联方法[J]. 系统工程与电子技术,2011,33(11):2468-2473.

[77] 郭利进,王化祥,孟庆浩,等.未知环境中 FastSLAM 算法的数据关联问题[J].系统仿真学报,2009,21(4):1075-1078.

[78] ZHANG K,ZHU M,RETSCHER G,et. al. Three-dimension indoor positioning algorithms using an integrated RFID/INS system in multi-storey buildings[M]. Location Based Services and TeleCartography II, 2009:373-386.

[79] 鲍海阁,赵涛,王国臣.捷联惯导高精度加速度计信号采集单元的设计与实现[J].传感技术学报,2011,24(1):53-58.

[80] 刘涛,赵国荣,青伟.一种新的无陀螺捷联惯导系统配置方案设计方法[J].武汉大学学报,2011,44(1):115-119.

[81] 李旦,秦永元,张金亮.车载惯导航位推算组合导航系统误差补偿研究[J].计算机测量与控制,2011,19(2):389-391.

[82] 杨波,王跃钢,单斌,等.长航时环境下高精度组合导航方法研究与仿真[J].2011,32(5):1054-1059.

[83] 高钟毓,王进,董景新,等.惯性测量系统零速修正的几种估计方法[J].中国惯性技术学报,1995,3(2):24-29.

[84] 赵玉,赵忠,范毅.零速修正技术在车载惯性导航中的应用研究[J].压电与声光,2012,34(6):843-847.

[85] 付文强,秦永元,李四海.速度约束辅助车载捷联惯导系统零速校正算法[J].系统工程与电子技术,2013,35(8):1723-1728.

[86] DISSANAYAKE G,SUKKARIEH S,NEBOT E,et al. The aiding of a low-cost strapdown inertial measurement unit using vehicle model constraints for land vehicle applications[J]. IEEE Transactions on Robotics and Automation,2001,17(5):731-747.

[87] AGHILI F,SALERNO A. Driftless 3-D attitude determination and positioning of mobile robots by integration of IMU with two RTK GPSs [J]. IEEE/ASME Transactions on Mechatronics,2013,18(1):21-31.

[88] RAFAEL T M,MIGUEL A Z I,BENITO U M,et al. High-Integrity IMM-EKF-Based road vehicle navigation with low-cost GPS/SBAS/INS [J]. IEEE Transactions on Intelligent Transportation Systems,2007,8 (3):491-511.

[89] JWO D J,CHUNG F C,YU K L. GPS/INS integration accuracy enhancement using the interacting multiple model nonlinear filters[J]. Journal of Applied Research and Technology,2013,11:486-509.

[90] WU Z W,YAO M L,MA H G,et al. Improving accuracy of the vehicle attitude estimation for low-cost INS/GPS integration aided by the GPS-Measured course angle[J]. IEEE Transactions on Intelligent Transportation Systems,2013,14(2):553-564.

[91] 肖志涛,赵培培,李士心. 基于 INS/GPS 组合导航的自适应模糊卡尔曼滤波[J]. 中国惯性技术学报,2004,18(2):195-198.

[92] 于永军,刘建业,熊智,等. 非同步量测特性的惯性/星光/卫星组合算法研究[J]. 仪器仪表学报,2011,32(12):2761-2767.

[93] NASSAR S,NIU X J,EL-SHEIMY N. Land-Vehicle INS/GPS accurate positioning during GPS signal blockage periods[J]. Journal of Surveying Engineering,2007:134-143.

[94] JIN Y Y,SOH W S,MOTANI M,et al. A robust indoor pedestrian tracking system with sparse infrastructure support[J]. IEEE Transactions on Mobile Computing,2013,12(7):1392-1403.

[95] PAHLAVAN K,LI X R,MAKELA J P. Indoor geolocation science and technology[J]. IEEE Communications Magazine,2002,40(2):112-118.

[96] 张小跃,杨功流,张春熹. 捷联惯导/里程计组合导航方法[J]. 北京航空航天大学学报,2013,39(7):922-926.

[97] 徐元,陈熙源,李庆华. 基于扩展卡尔曼滤波器的 INS/WSN 无偏紧组合方法[J]. 中国惯性技术学报,2012,20(3):292-299.

[98] LI Q H,CHEN X Y,XU Y. Distributed H-infinity fusion filter design for INS/WSN integrated positioning system[J]. Journal of Southeast University,2012,28(2):164-168.

[99] OKA C S,LEEB S,MITRAC P,et al. Distributed energy balanced routing for wireless sensor networks[J]. Computers and Industrial Engineering,2009,57(1):125-135.

[100] 任彦,张思东,张宏科. 无线传感器网络中覆盖控制理论与算法[J]. 软件学报,2006,17(3):422-433.

[101] 马震,刘云,沈波.一种无线传感器网络的能耗平衡覆盖模型[J].电子与信息学报,2008,30(9):2205-2253.

[102] CHEN C W,WANG Y. Chain-type wireless sensor network for monitoring long range infrastructures:architecture and protocols[J]. International Journal of Distributed Sensor Networks,2008,4(4):287-314.

[103] JAWHAR I,MOHAMED N,SHUAIB K,et al. Monitoring linear infrastructures using wireless sensor networks[J]. International Federation for Information Processing,2008,264:185-196.

[104] WANG X M,JIANG X H,YANG T,et al. Node aggregation degree-aware random routing for non-uniform wireless sensor networks[J]. IEICE Transactions on Communications,2011,E94B(1):97-108.

[105] NOORI M,ARDAKANI M. Characterizing the traffic distribution in linear wireless sensor networks[J]. IEEE Communications Letters, 2008,12(8):554-556.

[106] ZIMMERLING M,DARGIE W,REASON J M. Localized power-aware routing in linear wireless sensor networks[C]. The 2nd ACM International Conference on Context-awareness for Self-managing Systems, Sydney,Australia,May,2008:24-33.

[107] CHEN W,SUN Y J,XU H. Clustering chain-type topology for wireless underground sensor networks[C]. The 8th World Congress on Intelligent Control and Automation, Jinan, China, July 6-9, 2010: 1125-1129.

[108] 陈光柱,罗成名,张蕾.链式无线传感器网络移动目标二元协同感知策略[J].仪器仪表学报,2011,32(6):1225-1231.

[109] HEIKALABAD S R,NAVIN A H,MIRNIA M,et al. Ebdhr:energy balancing and dynamic hierarchical routing algorithm for wireless sensor networks[J]. IEICE Electronic Express,2010,7(15):1112-1118.

[110] TSENG C C,CHEN H H,CHEN K C,et al. Quality of service-guaranteed cluster-based multihop wireless ad hoc sensor networks [J]. IET Communications,2011,5(12):1698-1710.

[111] 乔钢柱,曾建潮.信标节点链式部署的井下无线传感器网络定位算法

[J]. 煤炭学报,2010,35(7):1229-1233.

[112] ZHOU L J,CHEN G Z. Location strategy of shearer based on wireless sensor network[C]. 2010 International Conference on Apperceiving Computing and Intelligence Analysis, Chengdu, China, Dec. 17-19, 2010:169-173.

[113] 田丰,秦涛,刘华艳,等. 煤矿井下线型无线传感器网络节点定位算法[J]. 煤炭学报,2010,35(10):1760-1764.

[114] 刘艳兵,杨维,李林涛,等. 煤矿井下无线导航系统的设计与模拟[J]. 太原理工大学学报,2010,41(1):7-11.

[115] 张治斌,徐小玲,阎连龙. 基于 Zigbee 井下无线传感器网络的定位方法[J]. 煤炭学报,2009,34(1):125-128.

[116] GAVALAS D, MPITZIOPOULOS A, PANTZIOU G, et al. An approach for near-optimal distributed data fusion in wireless sensor networks[J]. Wireless Networks,2010,16(5):1407-1425.

[117] HUGH D W. Multi Sensor Data Fusion [M]. University of Sydney,2001.

[118] HOTELLING H. Relation between two sets of variates[J]. Biometrika,1936,28,pp:321-377.

[119] VIA J,SANTAMARIA I,PEREZ J. A learning algorithm for adaptive canonical correlation analysis of several data sets[J]. Neural Networks,2007,20(1):139-152.

[120] PAN J J F,KWOK J T,YANG Q,et. al. Multidimensional vector regression for accurate and low-cost location estimation in pervasive computing[J]. IEEE Transaction on Knowledge and Data Engineering, 2006,18(9):1181-1193.

[121] 顾晶晶,陈松灿,庄毅. 用局部保持典型相关分析定位无线传感器网络节点[J]. 软件学报,2010,21(11):2883-2891.

[122] 禹华钢,高俊,黄高明. 基于核典型相关分析的五元平面十字阵无源定位算法[J]. 系统工程与电子技术,2011,33(8):1707-1712.

[123] 李太福,易军,苏盈盈,等. 基于 KCCA 虚假邻点判别的非线性变量选择[J]. 仪器仪表学报,2012,33(1):213-220.

[124] HWANG S J,GRAUMAN K. Learning the relative importance of objects from tagged images for retrieval and cross-modal search[J]. International Journal of Computer Vision,2012,100(2):134-153.

[125] HARDOON D,SZEDMAK S,SHAWE-TAYLOR J. Canonical correlation analysis: an overview with application to learning methods [J]. Neural Computation,2004,16:2639-2664.

[126] LUO R C,CHEN O. Indoor human dynamic localization and tracking based on sensory data fusion techniques [C]. In Proceeding of 2009 IEEE/RSJ International Conference on Intelligent Robots and Systems,Louis,USA,Oct,2009:860-865.

[127] YU N,WAN J W,FENG R J. Localization refinement algorithms for wireless sensor networks [J]. Chinese High Technology Letters,2008, 18(10):1017-1022.

[128] BOUKHATEM L,FRIEDMANN L. Multi-sink relocation with constrained movement in wireless sensor networks [J]. AD Hoc and Sensor Wireless Networks,2009,8(3):211-233.

[129] LI W L,JIA Y M. Location of mobile station with maneuvers using an IMM-based cubature kalman filter[J]. IEEE Transactions on Industrial Electronics,2012,59(11):4338-4348.

[130] EASTON A,CAMERON S A. Gaussian error model for triangulation based pose estimation using noisy landmarks[C]. Proceedings of 2006 IEEE Conference on Robotics, Automation and Mechatronics, Bangkok,Thailand,Jun. 2006:1-6.

[131] FUNKE S,MILOSAVLJEVIC N. Guaranteed-delivery geographic routing under uncertain node locations[C]. Proceedings of 26th IEEE International Conference on Computer Communications, Alaska, USA, May. 2007:1244-1252.

[132] LE Y,HO K C. Alleviating sensor position error in source localization using calibration emitters at inaccurate locations[J]. IEEE transactions on signal processing,2010,58(1):67-83.

[133] LUI K W K,MA W K,CHAN F K W. Semi-Definite programming al-

gorithms for sensor network node localization with uncertainties in anchor positions and or propagation speed[J]. IEEE Transactions on Signal Processing,2009,57(2):752-763.

[134] 温立,胡波.无线传感器网络中一种改进的分布式加权多维尺度定位算法[J].电路与系统学报,2009,14(8):1-7.

[135] YU K G. 3-D localization error analysis in wireless networks[J]. IEEE Transactions on Wireless Communications,2007,6(10):3473-3480.

[136] WEN C Y,CHAN F K. Adaptive AOA-aided TOA self-positioning for mobile wireless sensor network[J]. Sensors,2010,10(11):9742-9770.

[137] TICHAVSKY P,MURAVCHIK C H,NEHORAI A. Posterior cramer-rao bounds for discrete-time nonlinear filtering[J]. IEEE Transactions on Signal Processing,1998,46(5):1386-1396.

[138] 张守祥,王汝琳,刘芳.综采跟机自动化系统分析与建模[J].工矿自动化,2006,(4):4-6.

[139] 程冬.综采"三机"联动控制系统研究[D].徐州:中国矿业大学,2010.

[140] 张伟.液压支架与机采设备的约束关系及其控制模型[J].中国矿业大学学报,2005,34(3):349-352.

[141] 徐志鹏.采煤机自适应截割关键技术研究[D].徐州:中国矿业大学,2011.

[142] CATOVIC A,SAHINOGLU Z. The Cramer-Rao bounds of hybrid TOA/RSS and TDOA/RSS location estimation schemes[J]. IEEE Communications Letters,2004,8(10):626-628.

[143] SUN M,HO K C. Refining inaccurate sensor positions using target at unknown location[J]. Signal Processing,2012,92(9):2097-2104.

[144] 方新秋,何杰.煤矿无人工作面开采技术研究[J].科技导报,2008,26(9):56-61.

[145] 吕振,刘丹,李春光.基于捷联惯性导航的井下人员精确定位系统[J].煤炭学报,2009,34(8):1149-1152.

[146] 樊启高,李威,王禹桥,等.一种采用捷联惯导的采煤机动态定位方法[J].煤炭学报,2011,36(10):1758-1761.

[147] HAINSWORTH D W. Automatic horizon control of coal mining ma-

chinery[C]. Proceedings of the 4th International Symposium on Mine Mechanisation and Automation, Brisbane, Australia, May 1997:2-5.

[148] REID D C, HAINSWORTH D W, RALSTON J C, et al. Shearer guidance: A major advance in longwall mining [J]. Field and Service Robotics, 2006, 24:469-476.

[149] SCHNAKENBERG G H. Progress toward a reduced exposure mining system[J]. Mine Engineering. 1997, 49(2):73-77.

[150] 樊启高. 综采工作面"三机"控制中设备定位及任务协调研究[D]. 徐州：中国矿业大学, 2013.

[151] ASCHER C, ZWIRELLO L, ZWICK T, et al. Integrity monitoring for UWB/INS tightly coupled pedestrian indoor scenarios[C]. International Conference on Indoor Positioning and Indoor Navigation, Guimar, Spain, Sep. 21-23, 2011.

[152] HOL J D, DIJKSTRA F, LUINGE H, et al. Tightly coupled UWB/IMU pose estimation[C]. IEEE International Conference on Ultra-Wideband, Vancouver, Canada, Sep. 2009:9-11.

[153] JIMENEZ R A R., SECO G F, PRIETO H J C, et al. Accurate pedestrian indoor navigation by tightly coupling foot-mounted IMU and RFID measurements[J]. IEEE Transactions on Instrumentation and Measurement, 2012, 61(1):178-189.

[154] EVENNOU F, MARX F. Advanced integration of WiFi and inertial navigation systems for indoor mobile positioning[J]. EURASIP Journal on Applied Signal Processing, 2006:1-11.

[155] KAUFFMAN K, RAQUET J, MORTON Y, et al. Simulation Study of UWB-OFDM sar for navigation with INS integration[C]. The 2011 International Technical Meeting of The Institute of Navigation, San Diego, America, Jan. 24-26, 2011.

[156] MANIATOPOULOS S, PANAGOU D, KYRIAKOPOULOS K J. Model predictive control for the navigation of a nonholonomic vehicle with field-of-view constraints [C]. 2013 American Control Conference (ACC) Washington, DC, USA, June 17-19, 2013.

[157] PENG S S. 长壁开采[M]. 北京:科学出版社,2011.

[168] YI J G,WANG H P,ZHANG J J,et al. Kinematic modeling and analysis of skid-steered mobile robots with applications to low-cost inertial-measurement-unit-based motion estimation[J]. IEEE Transactions on Robotics,2009,25(5):1087-1096.

[159] SHIN E H. Estimation techniques for low-cost inertial navigation[D]. Ph. D. dissertation,University Calgary,Calgary,Canada,2005.

[160] CHIANG K W,DUONG T T,LIAO J K. The performance analysis of a real-time integrated INS/GPS vehicle navigation system with abnormal GPS measurement elimination [J]. Sensors, 2013, 13: 10599-10622.

[161] JU J F,XU J L. Structural characteristics of key strata and strata behaviour of a fully mechanized longwall face with 7. 0 m height chocks [J]. International Journal of Rock Mechanics and Mining Sciences, 2013(58):46-54.

[162] ASFAHANI J,BORSARU M. Low-activity spectrometric gamma-ray logging technique for delineation of coal/rock interfaces in dry blast holes[J]. Applied Radiation and Isotopes,2007,65(6):748-755.

[163] CHUFO R L,JOHNSON W J. A radar coal thickness sensor[C]. Proceedings of Industry Applications Society Annual Meeting,Dearborn, 1991:1182-1191.

[164] IDRISS O S,DIMITRAKOPOULOS R,EDWARDS J B. The effect of orderly vibration on pick force sensing[J]. International Journal of Surface Mining and Reclamation,1995,9 (3):83-88.

[165] RATIKANTA S. Application of sensor in mining machinery to recognize rock surfaces[J]. International Journal of Computer and Communication Technology,2011,2 (4):126-132.

[166] BERND B,SHAN J F,PAUL B. Condition monitoring of machines in mining industry using vibration analysis[J]. Mining Science and Technology,2002:707-710.

[167] 刘正彦. 煤岩界面识别中传感器优化布置和管理算法研究[D]. 山西:太

原理工大学,2010.

[168] AYHAN M,EYYUBOGLU E M. Comparison of globoid and cylindri-cal shearer drums loading performance[J]. Journal- South African In-stitute of Mining and Metallurgy,2006,106 (1):51-56.

[169] SINGH T N,PRADHAN S P,VISHAL V. Stability of slopes in a fire-prone mine in Jharia Coalfield,India[J]. Arabian Journal of Geosci-ences,2013,6(2):419-427.

[170] ALFORD D. Automatic vertical steering of ranging drum shearers u-sing MIDAS[J]. Mining Technology,1985,4:125-129.

[171] 刘春生,侯清泉.采煤机滚筒自动调高记忆程控再现模式[J].煤矿机电,2004,22 (4):22-25.

[172] LI W,FAN Q G,WANG Y Q,et al. Adaptive height adjusting strategy research of shearer cutting drum[J]. Acta Montanistica Slovaca,2011,16(1):114-122.

[173] 王忠宾,徐志鹏,董晓军.基于人工免疫和记忆切割的采煤机滚筒自适应调高[J].煤炭学报,2009,34(10):1405-1409.

[174] 张福建.电牵引采煤机记忆截割控制策略的研究[D].上海:煤炭总院上海分院,2007.

[175] 徐志鹏,王忠宾,米金鹏.采煤机自适应记忆截割[J].重庆大学学报,2011,34(4):134-140.

[176] 袁冠,夏士雄,张磊,周勇.基于结构相似度的轨迹聚类算法[J].通信学报,2011,32(9):103-110.

[177] 严斌峰,朱小燕,张智江,张范.基于邻接空间的鲁棒语音识别方法[J].软件学报,2007,18(4):878-883.

[178] WANG Z,BOVIK A C,SHEIKH H R. Image quality assessment:from error visibility to structural similarity[J]. IEEE Transactions on Image Processing,2004,13(4):600-612.

[179] HASSAN M R,RAMAMOHANARAO K,KAMRUZZAMAN J. A HMM-based adaptive fuzzy inference system for stock market forecas-ting[J]. Neurocomputing,2013,140:10-25.

[180] HONG D H,SUNG J S,OH KH,et al. Outlier detection and removal

for hmm-based speech synthesis with an insufficient speech database [J]. IEICE Transactions on Information and Systems,2012,E95D (9): 2351-2354.

[181] ABARGHOUEI H B,KOUSARI M R,ZARCH M A A. Prediction of drought in dry lands through feedforward artificial neural network a-bilities[J]. Arabian Journal of Geosciences,2013,6(5):1417-1433.

[182] 刘春生,陈金国. 基于单示范刀采煤机记忆截割的数学模型[J]. 煤炭科学技术,2011,39(3):71-73.

[183] DE L P L,PUCHER M,YAMAGISHI J,et al. Evaluation of speaker verification security and detection of HMM-based synthetic speech[J]. IEEE Transactions on Audio Speech and Language Processing,2012, 20 (8):2280-2290.

[184] LUO C M,LI W,YANG H,et al. Energy efficiency and QoS enhance-ment for wireless sensor networks with applications to long-narrow structures[J]. Mathematical Problems in Engineering,2015:1-11.

[185] LUO C M,LI W,YANG H,et al. Mobile target positioning using refi-ning distance measurements with inaccurate anchor nodes in chain-type wireless sensor networks [J]. Mobile Networks and Applications, 2014,19(3):363-381.

[186] LUO C M,FAN X N,NI J J,et al. Positioning accuracy evaluation for the collaborative automation of mining fleet with the support of memo-ry cutting technology [J]. IEEE Access,2016,4:5764-5775.

[187] LUO C M,LI W,FAN X N,et al. Positioning technology of mobile ve-hicle using self-repairing heterogeneous sensor networks [J]. Journal of Network and Computer Applications,2017,93:110-122.

[188] LI W,LUO C M,YANG H,et al. Memory cutting of adjacent coal seams based on a hidden Markov model [J]. Arabian Journal of Geosci-ences,2014,7(12):5051-5060.

个人感悟

愿往昔 小小天地 五五十载 月锻季炼 岁月静好

愿今后 罗曼蒂克 星星之火 玥璇宛如 现世安稳